国家出版基金项目
NATIONAL PUBLICATION FOUNDATION

现代水声技术与应用丛书
杨德森 主编

海洋声场中的抛物方程方法

张海刚 付金山 张明辉 著

科学出版社
龙门書局
北 京

内 容 简 介

近几十年来，海洋声学理论与计算模型的发展受到了很多国家（尤其是海洋大国）的重视，海洋声学中的抛物方程方法发展特别迅速，在复杂海洋环境的声传播、矢量声学、地震声学等领域的研究中被广泛应用。本书基于作者团队多年的研究成果，系统介绍海洋声学中的抛物方程方法，包括适用于二维液态/弹性海底的抛物方程建模方法、适用于三维液态/弹性海底的抛物方程建模方法以及复杂海洋边界条件的处理、声矢量场的计算及其应用等。

本书适合水声物理领域的相关研究人员阅读，亦可供水声信号处理、水声通信领域相关专业的科技人员阅读参考。

图书在版编目（CIP）数据

海洋声场中的抛物方程方法 / 张海刚，付金山，张明辉著. —北京：龙门书局，2023.12

（现代水声技术与应用丛书/杨德森主编）

国家出版基金项目

ISBN 978-7-5088-6371-9

Ⅰ. ①海⋯ Ⅱ. ①张⋯ ②付⋯ ③张⋯ Ⅲ. ①海洋－声场－抛物型方程 Ⅳ. ①TB56

中国国家版本馆 CIP 数据核字（2023）第 246179 号

责任编辑：姜 红 张培静 张 震 / 责任校对：王萌萌
责任印制：徐晓晨 / 封面设计：无极书装

科学出版社 出版
龙门书局
北京东黄城根北街 16 号
邮政编码：100717
http://www.sciencep.com

北京中科印刷有限公司 印刷
科学出版社发行 各地新华书店经销

*

2023 年 12 月第 一 版 开本：720 × 1000 1/16
2023 年 12 月第一次印刷 印张：14 1/4
字数：295 000

定价：138.00 元
（如有印装质量问题，我社负责调换）

"现代水声技术与应用丛书"
编 委 会

主　　编：杨德森

执行主编：殷敬伟

编　　委：（按姓氏笔画排序）

丛 书 序

海洋面积约占地球表面积的三分之二，但人类已探索的海洋面积仅占海洋总面积的百分之五左右。由于缺乏水下获取信息的手段，海洋深处对我们来说几乎是黑暗、深邃和未知的。

新时代实施海洋强国战略、提高海洋资源开发能力、保护海洋生态环境、发展海洋科学技术、维护国家海洋权益，都离不开水声科学技术。同时，我国海岸线漫长，沿海大型城市和军事要地众多，这都对水声科学技术及其应用的快速发展提出了更高要求。

海洋强国，必兴水声。 声波是迄今水下远程无线传递信息唯一有效的载体。水声技术利用声波实现水下探测、通信、定位等功能，相当于水下装备的眼睛、耳朵、嘴巴，是海洋资源勘探开发、海军舰船探测定位、水下兵器跟踪导引的必备技术，是关心海洋、认知海洋、经略海洋无可替代的手段，在各国海洋经济、军事发展中占有战略地位。

从 1953 年中国人民解放军军事工程学院（即"哈军工"）创建全国首个声呐专业开始，经过数十年的发展，我国已建成了由一大批高校、科研院所和企业构成的水声教学、科研和生产体系。然而，我国的水声基础研究、技术研发、水声装备等与海洋科技发达的国家相比还存在较大差距，需要国家持续投入更多的资源，需要更多的有志青年投入水声事业当中，实现水声技术从跟跑到并跑再到领跑，不断为海洋强国发展注入新动力。

水声之兴，关键在人。 水声科学技术是融合了多学科的声机电信息一体化的高科技领域。目前，我国水声专业人才只有万余人，现有人员规模和培养规模远不能满足行业需求，水声专业人才严重短缺。

人才培养，著书为纲。 书是人类进步的阶梯。推进水声领域高层次人才培养从而支撑学科的高质量发展是本丛书编撰的目的之一。本丛书由哈尔滨工程大学水声工程学院发起，与国内相关水声技术优势单位合作，汇聚教学科研方面的精英力量，共同撰写。丛书内容全面、叙述精准、深入浅出、图文并茂，基本涵盖了现代水声科学技术与应用的知识框架、技术体系、最新科研成果及未来发展方向，包括矢量声学、水声信号处理、目标识别、侦察、探测、通信、水下对抗、传感器及声系统、计量与测试技术、海洋水声环境、海洋噪声和混响、海洋生物声学、极地声学等。本丛书的出版可谓应运而生、恰逢其时，相信会对推动我国水声事业的发展发挥重要作用，为海洋强国战略的实施做出新的贡献。

在此，向 60 多年来为我国水声事业奋斗、耕耘的教育科研工作者表示深深的敬意！向参与本丛书编撰、出版的组织者和作者表示由衷的感谢！

中国工程院院士　杨德森

2018 年 11 月

自　序

水声传播建模作为水声学领域的重要课题，是研究其他水声学问题的基础，如混响场、海洋噪声场和声场空间相关特性。常用的水声传播方法主要包括抛物方程方法、简正波方法、快速场（波速积分）方法和射线方法等，在解决与距离有关环境中的低频/甚低频段声传播问题时，抛物方程方法具有快速、灵活的特点，使得该方法在近些年来发展迅速。

本书围绕抛物方程方法在海洋声场中的建模问题展开。第 1 章对海洋声场建模的需求，抛物方程方法发展的主要难点、研究方法和进展进行总体介绍；第 2～4 章对二维流体、弹性抛物方程模型进行理论推导和模型验证，并分别对单层海底、沉积层海底的海洋环境中声场的传播规律和特性进行研究。

实际的海洋环境复杂多变，海洋环境参数不但随深度、距离发生变化，也随水平方位而改变，因此建立三维环境的声传播模型是十分必要的。第 5、6 章围绕三维抛物方程声传播模型，分别在直角坐标系和柱坐标系下对三维抛物方程进行推导并对模型进行验证；第 7 章介绍具有弹性海底的三维环境中抛物方程声场的建模方法，并进行水池模拟实验结果的验证。

本书反映了近年来哈尔滨工程大学水声工程学院海洋声场声探测团队在声传播模型方面的部分研究成果。团队的研究生徐传秀、唐骏、徐亮、王猛等参与了本书部分研究工作，曹德瑶、陈雨晨、肖瑞、舒旻等协助整理了书稿，在此对他们表示衷心的感谢。作者在撰写本书过程中还参考了大量国内外文献，在此对文献作者表示感谢。

本书相关研究工作先后获得了国家自然科学基金重点项目、面上项目及有关国防基金项目的资助，本书的出版获得了国家出版基金资助，在此一并感谢。

限于作者水平，书中难免存在不足之处，敬请广大读者批评指正。

张海刚

2023 年 5 月

目　　录

第1章 绪　　论

海洋覆盖了地球表面 71%的面积，蕴藏着丰富的生物和矿产资源，海洋资源的探测与开发日益受到世界各国的重视。电磁波在海水中的传播衰减很快，而声波是目前唯一能够在水下远距离传播的能量辐射形式，所以，声波是海洋中进行水中目标探测的主要载体。作为信息载体的声波，在海洋中所形成声场的时空结构就成为近代水声学的基本研究内容，提取海洋中声场信息结构又是水下探测、识别、通信以及海洋环境监测等的手段之一。

水声传播建模是研究其他水声学问题的基础，水声传播模型可以通过其所应用的理论方法进行分类。常用的水声传播建模方法主要包括抛物方程（parabolic equation，PE）方法、简正波方法、快速场（波速积分）方法和射线方法等。

本章将介绍声传播建模技术的发展状况，重点介绍抛物方程方法的发展。

1.1　声传播建模技术的发展

在军事需求的推动下，水声技术的发展突飞猛进，而作为水声技术的基本课题，水声传播理论的研究始终受到重视。由于海洋水声环境的重要性，20 世纪 40 年代后国外在海洋的水声环境特性方面进行了深入研究，发现了深海会聚区、深海声道轴等著名的水声环境效应，各种水声理论也日趋成熟。

在传播模型方面，从最初简单的海洋环境参数与距离无关的二维模型发展到了目前被广泛研究的海洋环境参数与距离有关的三维模型，建模过程考虑了更复杂的海洋环境，进一步接近海洋中实际的声传播环境。文献[1]对水声建模技术进行了很好的总结，目前常用的水声传播模型理论方法有射线方法、简正波方法、多路径展开方法、快速场方法和抛物方程方法等。图 1-1 给出了这些方法之间的关系[1]。

声场预报模型和算法研究与计算机的发展密不可分。以前由于计算手段的限制，处理复杂的水声学问题往往采用简化的解析方法，这样处理一般不能全面反映问题的真实情况，导致结果的局限性和不准确性。随着计算机运算速度的飞速提高以及数值计算技术的进步，水声学问题就可以从原来的简化处理变为更符合实际情况的处理，进而使水声学的研究内容大大扩展，水声模型也更近于实际情况。表 1-1 为 Etter[1]在 2005 年发表的著作中总结的水声传播模型的适用性。

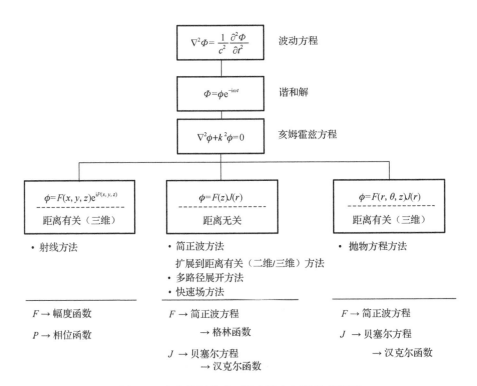

图 1-1　水声传播模型理论方法之间的关系概要

表 1-1　水声传播模型的适用性

模型	应用情况							
	浅海				深海			
	低频（<500Hz）		高频（≥500Hz）		低频（<500Hz）		高频（≥500Hz）	
	RI	RD	RI	RD	RI	RD	RI	RD
射线声学模型	○	○	◐	●	◐	●	●	●
简正波模型	●	◐	◐	●	●	◐	◐	○
多路径展开模型	◐	○	◐	◐	◐	◐	●	◐
快速场模型	●	◐	◐	◐	●	◐	◐	◐
抛物方程模型	◐	●	○	○	◐	●	◐	◐

注：RI 表示距离无关环境；RD 表示距离有关环境

●表示既物理适用又计算可行；◐表示有精度上或运行上速度的限制；○表示既不适用又不可行

1.1.1 射线声学模型的发展

射线声学模型是数学上最简单、物理意义上最直观、发展最早的声场分析方法，由光线传播理论引入，其基本思想是接收点接收到的声强被认为是到达接收点的许多根特征声线携带声波强度的相干叠加。每一根特征声线以各自的出射角度从声源沿着垂直于等相位面的声线路径传播，经折射、反射等过程到达接收点，等相位面被称为波阵面。几何射线声学认为，声能包含在声线束管中，声线束管截面积越大，该处的声强越小。特征声线从声源到接收点所经历的时间被称为声线的传播时间。

程函方程和强度方程是射线声学模型的基础方程。根据程函方程可以求出声线的方向，导出声线的传播时间与传播轨迹，根据强度方程可以求出声线的声压幅值，从而求解得到波动方程中的声压。几何声学近似限制了射线声学模型只适合于较高频率声传播的计算，一般传统认为水深大于 10 倍波长时，射线声学模型适用，因此在深海环境中数百赫兹以上频段的声传播预报可采用声学模型。

1.1.2 简正波模型的发展

作为声传播模型中较基础且使用较为广泛的模型之一，简正波模型由 Pekeris[2] 提出，解决水平分层的声传播问题，因此水平分层的波导又被称为 Pekeris（匹克利斯）波导。在水平分层介质中，波动方程（图 1-1）可以分离变量，对边值问题利用汉克尔变换进行求解，可以得到声场的积分表示[3,4]：

$$\varphi(r,z) = A \int_{-\infty}^{+\infty} \frac{H_0^{(1)}(\xi r)}{W(\xi, z_0)} \psi_1(\xi, z_1) \psi_2(\xi, z_2) \xi d\xi \tag{1-1}$$

式中，A 为常数，取决于声源强度；$H_0^{(1)}$ 为第一类零阶汉克尔函数；r 为水平距离；$W = \psi_1 \dfrac{\partial \psi_2}{\partial z} - \psi_2 \dfrac{\partial \psi_1}{\partial z}$；$z$ 为深度；z_0 为声源深度；$z_1 = \min(z, z_0)$；$z_2 = \max(z, z_0)$；ξ 为本征值；ψ_1、ψ_2 为对亥姆霍兹方程分离变量后关于 z 的常微分方程在满足海面边界和海底边界条件下的解：

$$\frac{d^2}{dz^2} Z(\xi, z) + \left[k^2(z) - \xi^2 \right] Z(\xi, z) = 0 \tag{1-2}$$

式中，Z 表示使用分离变量法后波动方程以深度 z 为变量的一部分；k 表示介质波数。

对上面积分式（1-1）的求解有两种方法，一是对汉克尔函数进行远场近似，则积分可以转化成傅里叶变换的形式，可采用快速傅里叶变换（fast Fourier transform，FFT）的方法进行求解，此种求解方法即是快速场方法，将在 1.1.3 节对该方法进行介绍；二是简正波的方法，在 ξ 的复平面上利用留数定理进行积分式的求解：

$$
\begin{aligned}
\varphi(r,z) = {}& 2\pi\mathrm{i}A\sum_n \frac{\psi_1(\xi_n,z_1)\psi_2(\xi_n,z_2)}{(\partial W/\partial\xi)\big|_{\xi=\xi_n}}\xi_n\mathrm{H}_0^{(1)}(\xi_n r) \\
& + A\int_\gamma \frac{\mathrm{H}_0^{(1)}(\xi r)}{W(\xi,z_0)}\psi_1(\xi,z_1)\psi_2(\xi,z_2)\xi\mathrm{d}\xi
\end{aligned}
\tag{1-3}
$$

式中，等式右端第一项求和式为简正波的表示形式，也为离散谱部分，ξ_n 对应着本征值，ξ_n 为实数时，对应着传播的简正波，ξ_n 为复数时，对应着衰减的简正波，其幅值随着距离的增加呈指数规律衰减，考虑远距离的声传播，前者占主要部分；第二项积分式表示分支割线对积分的贡献，对应着声场中的侧面波部分，也是连续谱部分，它随距离的衰减比球面衰减要快，仅对声源近处的声场有贡献[5]。对于使用海底阻抗边界条件的声传播问题（如海底为弹性海底），实际解由三个谱区组成[6]：连续谱（$0<\xi<k_2$）、离散谱（$k_2\leqslant\xi\leqslant k_1$）和渐消谱（$k_1<\xi$）（$k_1$ 为海底介质波数，k_2 为海水介质波数）。在海水和海底中，渐消谱域内的声波在垂直方向呈指数规律衰减，对于 Pekeris 波导，此域内没有极点存在；当海底为弹性海底时，此域内的波为 Scholte（斯科尔特）波。在地震学中，沿着固体层边界传播的波为 Stoneley（斯通莱）波[1]。

简正波理论从波动方程出发，给出了严格的解析解，理论上适合计算任意声速分布的水平分层介质传播问题，并且有成型的快速算法[7,8]。简正波理论的基础工作在于求解常微分方程（1-2）和寻找复平面上的孤立奇点（即本征方程 $W(\xi,z_0)=0$ 的根），也就是本征函数和本征值的计算，除常用的温策尔-克拉默斯-布里渊（Wentzel-Kramers-Brillouin，WKB）近似外，还可以利用数值方法进行求解[9-11]，本征函数和本征值的计算直接影响着声场的计算精度和计算效率。

在与距离有关的海洋环境中，波动方程一般不能被分离变量，也就不再存在传统意义下的简正波，当这些水平变化不太大时，仍可以借鉴水平分层介质问题的求解思路，假定声场还具有类似简正波的结构。Pierce[12]和 Milder[13]首先将简正波理论扩展至水平缓变环境中的传播问题求解，提出了绝热简正波理论，其应用前提是：环境水平方向上的变化足够缓慢，使声场还可以用简正波的形式描述；不同阶的简正波沿着不同路径传播，彼此之间没有能量交换。

绝热简正波理论在传播环境变化剧烈或传播距离远时不再适用，它除没有考虑不同阶简正波之间的耦合限制外，应用中主要限制就是简正波的截止问题。声波在具有楔形海底的海域中传播时，会出现明显的截止效应：在一定"截止"距离上，简正波依次不断消失，由传播型变成衰减型，大部分能量透射入海底介质。

这时可以利用耦合简正波理论进行求解。它是将整个海域在水平距离上划分为许多个与距离无关的小区域，这样在每个小区域内就可以给出简正波的本征函数形式，从而给出方程的非齐次形式，最后对各区域中的声场利用边界条件衔接起来再联立求解。典型的耦合简正波程序是 COUPLE。

Abawi 等[14]将耦合简正波理论与抛物方程方法结合起来，提出了耦合简正波-抛物方程理论。耦合简正波-抛物方程理论在垂直方向采用本地简正波，这就克服了抛物方程方法只能计算远场，且在频率较高时垂直网格的划分必须加密，使得计算时间呈几何级数增加而难于用到高频问题的缺点；在水平方向采用抛物方程方法求解简正波系数方程，可以克服由于耦合简正波模型的分段水平均匀近似带来的误差，耦合系数中考虑海底倾斜的影响，可以利用大的水平步长进行步进求解，同时可以方便地应用于三维声传播问题[15]。

对于水平不变和水平变化相对缓慢的海区，国外近年来发展的声场计算模型很多，在这方面，我国学者基于 WKB 近似提出了一种广义相对积分理论——温策尔-克拉默-布里渊-张仁和（Wentzel-Kramers-Brillouin-Zhang，WKBZ）理论[16]、波束位移射线简正波理论[17]和基于 WKBZ 理论的绝热简正波理论[18]，分别在深海和浅海的环境中，实现了声场快速、精确的预报。但是对于水平变化较大的海洋环境，必须考虑水平变化对声场的影响，这些算法精度上不再满足要求，我国学者提出了一种基于 WKBZ 理论的耦合简正波-抛物方程理论[15]，并将二维问题推广至三维声场计算，并对算法的实现进行了研究[19]。

目前常用的耦合简正波理论的实现步骤为：①把波导沿水平方向分为若干切片，每个水平切片内求解本地简正波本征波数和本征函数；②利用相邻切片的连续性条件、声源激励条件和无穷远处的辐射条件，建立简正波耦合矩阵方程，求解每个水平切片内各阶简正波的幅值；③把本地简正波本征波数、本征函数和幅值代入声压公式，计算声场。COUPLE07 耦合简正波模型就是利用了上述步骤，可以提供亥姆霍兹方程的完全双向解。该模型通过解耦算法解决了传统迭代方法中存在的数值不稳定性问题。该模型计算精度高，是二维水平变化波导声场预报的标准模型。该模型的缺点是计算量大，且存在解的不合理归一化导致的数值不稳定问题。杨春梅等[20]在 Evans[21]提出的耦合简正波模型的基础上，提出了全局耦合矩阵耦合简正波理论，该理论可以精确、稳定地求解水平变化波导二维双向声传播问题，相对于 COUPLE07 耦合简正波模型，该方法避免了大量的矩阵变换及乘积运算，显著提高了计算效率，同时提出了解的合理归一化策略，消除了现有双向模型导致的数值发散问题。

耦合简正波方法是计算水平变化环境声场的常用数值方法，是研究水平变化波导中的声传播特性、海洋不均匀现象（中尺度涡、锋面、内波等）等引起的声场起伏海底地形地貌特征获取方法的基础。该方法虽然可以实现前向和后向声场的双向计算，并且计算精度也比较高，但是计算量很大，主要包括大量本地简正波的计算和高维耦合矩阵方程的求解。因此，耦合简正波理论在实际应用中受到限制。

但在三维扩展方面，与其他声场模型相比，应用于水平变化波导中的耦合简正波模型则存在诸多不足和计算难点。在现有三维耦合简正波模型中，为简化数值计算的难度，保证数值计算的可行性，常常需忽略某一水平方向的耦合作用，或者需要海洋环境满足一定的对称性。对于声场的某些特性分析以及某些特定环境下的声场计算，该方法是可行的；但对于一般波导的声场计算以及大部分声场特性分析而言，该方法会存在较大限制。例如，在三维柱坐标系的远场情况下，单位方位角间隔下的弧长会随水平距离的增加而增大，则此时忽略水平方位角方向上的耦合作用将导致远场的声场能量计算存在一定误差，且该误差将随水平距离的增加而增大。虽然也存在所有水平方向耦合皆予以考虑的模型，但理论形式过于复杂，不便于数值实现。因此，可以说建立和发展便于数值计算且可适应于任意三维海洋环境下的耦合简正波模型是当前声场建模中的难题以及未来发展趋势之一。

1.1.3　快速场模型的发展

在水声学中，快速场理论也叫波数积分法。在地震学中，这种方法通常也称为反射法或离散波数方法。水平分层介质的波数积分原理是 Pekeris 首先引入水声学中的，他使用了简单的两层和三层环境模型处理水平分层波导中的声传播[1,22]。Ewing 等[23]又使用这个技术研究层数很少的波导中地震波的传播。

在快速场理论中，对式（1-1）中的汉克尔函数应用渐近展开式[24]：

$$H_0^{(1)}(\xi r) \approx \sqrt{\frac{2}{\pi \xi r}} e^{i(\xi r - \pi/4)} \qquad (\xi r \gg 1) \tag{1-4}$$

声场势函数可写为

$$\varphi(z,r) = \sqrt{\frac{2}{\pi r}} e^{-i\pi/4} \int_{-\infty}^{\infty} G(z,z_0,\xi) e^{i\xi r} \sqrt{\xi} d\xi \tag{1-5}$$

上式为傅里叶变换形式，可以经过离散转化成离散傅里叶变换形式，采用快速傅里叶变换算法进行声场的快速求解。

对于海底分层很少的情况，可以用待定的声场幅值来表示边界条件，组成线性方程组，然后通过解析的方法来求解线性方程组。但对于更为复杂的环境模型，如环境参数随深度变化、存在声速梯度等，解析法求解就不再合适了，必须采用数值求解方法进行求解。常用的数值求解方法有三种：传播矩阵法（propagator matrix approach，PMA）、不变嵌入法（invariant embedding approach，IEA）和直接全局矩阵法（direct global matrix approach，DGMA）[6]。

早期的快速场模型不考虑环境参数随距离变化的情况，代表性的计算模型是 Schmidt[25]开发的计算模型——距离无关地震声快速场算法（seismo-acoustic fast field algorithm for range-independent，SAFARI），它由北大西洋公约组织（North Atlantic Treaty Organization，NATO）下的大西洋盟军最高司令部（Supreme Allied Commander Atlantic，SACLANT）的反潜作战（anti-submarine warfare，ASW）研发中心发布，随后，Schmidt[25]发展了其升级版本——海洋声学和地震勘探综合（ocean acoustic and seismic exploration synthesis，OASES）算法，这个版本基于直接全局矩阵的波数积分法模拟水平分层波导中的声波/地震波的传播，它们都能处理弹性海底的影响[26]。波数积分法在使用上有很多不便，计算结果与参数选取（如采样长度、波数范围）有很大关系。

两项早期的研究提出了计算与距离有关的传播损失的可能性。①Gilbert 等[27]在海洋环境随距离离散变化的情况下，用广义格林函数方法精确求解单向波动方程，获得了显式步进解，即任意给定距离段上的声源分布由前一段距离末端的声场来描述。他们的程序称为与距离有关的快速场程序，在计算上是精细的。②Seong[28]使用波数积分法与 Galerkin（伽辽金）边界元法（boundary element method，BEM）的混合方法，将快速场理论技术扩展到与距离有关的海洋环境[1]。另一种与距离有关的建模方法是将海洋环境分割成一系列与距离无关的单元，称为超元。Goh 等[26]在包括弹性液体分层的液体波导的声传播模型中扩展了谱超元方法，这种方法综合运用了有限元、边界积分和波数积分，求解与距离有关海洋环境中的亥姆霍兹方程。它使用全局多散射解或单散射步进解，提供了波动方程的准确双向解，他们设计了相应的声场计算软件 CORE。

Grilli 等[29]综合边界元方法和特征函数展开式，求解与距离有关的浅海声传播问题。他们的混合边界元被多种情况解析解的输出比较和检验，这些情况包括了简单边界几何配置，如矩形、阶梯和倾斜海底。这种技术被用于研究声波在与海底碰撞过程中的能量传递问题，特别是耗散波及伴生的隧道效应。Santiago 等[30]在 2000 年发表了浅海边界元技术的相关进展。

1.2　抛物方程方法的发展及应用

抛物方程方法是当前处理与距离有关环境中声传播问题的最有效技术。这种方法在计算流体中的声场时得到了广泛的应用和快速的发展，并且现在已经扩展到对弹性海底的处理。1977 年，Tappert[31]首次将抛物方程方法引入水声界，之后，学者对抛物方程方法进行了深入的研究和不断的改进。文献[32]～[34]中已对抛物方程方法做了很好的总结，这里做个简要的介绍。

在柱坐标系、轴对称的情况下，三维的亥姆霍兹方程可简化为二维的亥姆霍兹方程：

$$\varphi_{rr} + \frac{1}{r}\varphi_r + \varphi_{zz} + k^2(r,z)\varphi = 0 \tag{1-6}$$

式中，φ_r 为声压对 r 的一阶导数；φ_{rr} 为声压对 r 的二阶导数；φ_{zz} 为声压对 z 的二阶导数。

引入变换 $\varphi(r,z) = u(r,z)v(r,z)$，代入式（1-6）进行变量分离，再做远场近似并忽略高阶项，然后取向外辐射波部分，最终可得到标准形式的抛物方程[34]：

$$\left(\frac{\partial}{\partial r} + \mathrm{i}k_0 - \mathrm{i}k_0\sqrt{1+X}\right)u = 0 \tag{1-7}$$

式中，$X = n^2(r,z) - 1 + \frac{1}{k_0^2}\frac{\partial^2}{\partial z^2}$。

数值计算时可以对根式算子进行有理因式算子近似，采用不同的近似形式能得到不同精度要求的解，能够计算不同的传播角度。例如，近似形式 $\sqrt{1+X} \approx 1 + X/2$，仅适合水平方向较窄的角度范围内，能够计算的传播角度小于 15°；近似形式 $\sqrt{1+X} \approx 1 + X/2 - X^2/8$ 能够计算的传播角度达到 40°左右[6]，这是一个宽角的抛物方程。1989 年，Collins[35]应用高阶 Padé（帕德）近似对根式进行处理，这种高阶的 Padé 近似方法使得抛物方程能够处理的传播角度大大增加，而且采用分裂-步进的计算格式提高了计算速度，为海洋环境参数随深度有较大变化的问题提供了较好的解，并能够有效地处理弹性海底的影响。

现有的抛物方程方法使用的四种基本数值求解技术[1]为分裂-步进傅里叶算法、隐式有限差分法、常微分方程、有限元法。分裂-步进傅里叶算法是 Tappert[31]提出的，通过加入人为的零海底边界和压力释放表面来求解抛物波动方程，是一个解纯初始场的问题，当声波与海底有显著作用的时候会产生一些困难。为此，Lee 等[36,37]又提出了隐式有限差分法和常微分方程方法作为求解抛物方程的方法，可以在海底作用比较强时进行抛物波动方程的求解；Lee 等[37]对隐式有限差分法进行了深入的研究，包括标准问题测试实例和程序清单，这种理论更为实用；Collins[35]引入有限元中的 Galerkin 方法对深度算子进行离散，对声场进行分裂-步进求解。在求解抛物波动方程时，这些数值技术也可综合运用。

1.2.1　二维抛物方程的发展

1. 边界条件处理

众所周知，水声抛物方程模型边界条件的处理方法对于其计算精度具有重要的影响。在海洋波导中，存在许多界面或者边界，包括空气-水界面、流体-流体界面、流体-弹性体界面和无限远辐射边界。这些边界条件处理方法的发展使得抛物方程模型可以解决更加复杂和广泛的声传播问题。

倾斜海底边界的处理方法主要包括使用单散射近似方法、旋转抛物方程方法、坐标映射方法和能量守恒近似方法等理论来求解。

最初的研究中，单散射近似方法可以用来处理倾斜流体-流体界面[38]和缓慢变化的弹性体-弹性体界面[39]的问题，使得抛物方程模型获得满意的计算精度。近些年来，研究人员将该理论推广到处理倾斜流体-弹性体界面和快速变化的弹性体-弹性体界面。2007 年，Küsel 等[40]将单散射近似方法应用于以 (u_x, w) 为变量的弹性抛物方程模型中，可以有效处理海底边界快速变化的弹性波传播问题。他们提出了一个可以改善收敛性的迭代公式，用来解决散射问题。对于许多声传播问题，仅仅进行一次迭代就可以获得较为精确的计算结果。迭代公式的形式为

$$\begin{pmatrix} u_x \\ w \end{pmatrix}_r = \frac{\tau - 2}{\tau} \begin{pmatrix} u_x \\ w \end{pmatrix}_r + \frac{1}{\tau} \Lambda \left[\begin{pmatrix} u_x \\ w \end{pmatrix}_i + \begin{pmatrix} u_x \\ w \end{pmatrix}_r \right] \tag{1-8a}$$

$$\Lambda = I - \left(L_A^{-1} M_A \right)^{1/2} S_A^{-1} S_B \left(L_B^{-1} M_B \right)^{-1/2} R_B^{-1} R_A \tag{1-8b}$$

式中，u_x 为水平位移的水平导数；w 为垂直位移；I 为单位矩阵；L、M、R、S 为包含深度算子和介质参数的矩阵；$\tau \geqslant 2$ 为收敛系数。2012 年，Metzler 等[41]将该方法用于包含 Rayleigh（瑞利）波的波导中。他们将垂直界面的处理细分成一系列的两个或者更多个的单散射问题，从而获得快速变化海底地形下声传播问题的精确结果。同时，Collins[42]实现了一种不需要迭代的单散射近似方法，用于地声传播问题的研究。随后，他们将该方法应用于包含多层连续变化的流体层和弹性层的地声传播问题[43]。他们使用一种非中心四点差分公式用于近似流体-弹性体界面，该公式是联合处理流体-弹性体和弹性体-弹性体倾斜边界的关键。

旋转抛物方程方法最先用于求解固定倾角海底的声传播问题[44]，Outing 等[45]通过对变化倾角海底进行折线近似，将这个问题分成一系列常数倾角海底问题进行相应的处理。他们应用一种内插-外推方法生成除靠近声源外的每一个区域的初始场，并且采用一系列的算子对弹性介质中沿着坐标系统的变量进行旋转处理。数值计算结果表明，该方法在处理与距离有关的地声传播问题时可以获得精确的

预报结果。为了研究沿着海湾和穿过海岛的声传播问题，Collis 等[46]将旋转抛物方程方法推广到可以处理沉积层厚度变化的与距离有关的地形。当地形倾角 δ 发生变化的时候，他们采用一种声场相位修正方法，修正公式如下：

$$p(r,z) \approx p(r,z)\mathrm{e}^{-\mathrm{i}k_0 z \sin \delta} \tag{1-9}$$

式中，p 为声压；k_0 为参考波数；δ 为倾角。另外，他们发展了一种有效的方法——扩展的旋转抛物方程方法，并处理低横波声速的水-沉积层界面，并采用有限元模型验证了新方法的准确性。

2000 年，Collins 等[47]发展了一种坐标映射方法，用于抛物方程模型倾斜边界的处理。坐标变换公式为

$$\begin{pmatrix} \tilde{r} \\ \tilde{z} \end{pmatrix} = \begin{pmatrix} r \\ z - d(r) \end{pmatrix} \tag{1-10}$$

式中，(r,z) 为原始坐标；$(\tilde{r},\tilde{z})$ 为映射后坐标；$d(r)$ 为深度函数。该变换方法将海底地形由倾斜变为水平，海面由水平变为倾斜，由于海面压力释放边界易于处理，从而实现海底非水平边界的处理。为了分析"阶梯近似"对单向声传播问题的影响，Sturm 等[48]采用适当的抛物型边界和新的变量替换技术，实现了一种可精确处理变化界面边界的有限元窄角抛物方程模型。在原有坐标变换方法的基础上，一种比例坐标映射方法被 Metzler 等[49]提出。该方法的优点是通过坐标变换，将海底和海面边界均映射成水平界面，边界处理更为简便。新的坐标变换公式为

$$\begin{pmatrix} \tilde{r} \\ \tilde{z} \end{pmatrix} = \begin{pmatrix} r \\ \gamma(r)z \end{pmatrix} \tag{1-11}$$

式中，(r,z) 为原始坐标；$(\tilde{r},\tilde{z})$ 为映射后坐标；$\gamma(r)$ 为深度比例函数。

在求解与距离有关的声传播问题时，通过分析边界处的能量传递关系，可以得出一种处理水平变化海底边界的方法：能量守恒近似法。Collins 等[50,51]分别提出了流体和弹性海底介质下的能量守恒高阶抛物方程模型，极大地提高了抛物方程模型的计算精度。随后，Collins 等[52]又实现了一种声场求解的能量谱求解方法。采用"阶梯近似"将与距离有关的环境近似成一系列与距离无关的环境区域，然后每段与距离无关的环境中的声场结果都可以表示成一组水平波数谱的形式。能量守恒近似用于处理不同区域之间的垂直边界。明显地，差分方程满足能量守恒并不能证明差分方程的数值计算方法也满足能量守恒，必须采用离散的方程予以证明。2001 年，Mikhin[53]发展了抛物方程模型——单程波动方程（one-way wave equation，OWWE）的一种数值计算方法。OWWE 模型的许多元素采用了离散理论，例如初始场、边界条件和有限差分算子等元素。数值结果验证了 OWWE 模型满足能量守恒。在此基础上，Mikhin[54]采用能流作为变量，建立了能流抛物方

程模型，方程如下：

$$\frac{\partial U}{\partial x} = \mathrm{i}k_0 \rho^{-1/2} \hat{G} \rho^{1/2} U \qquad (1\text{-}12a)$$

$$\hat{G} = \left(1 + \hat{X}\right)^{1/2} - 1 \qquad (1\text{-}12b)$$

$$\hat{X} = \frac{1}{k_0^2}\left[\rho\frac{\partial}{\partial z}\left(\frac{1}{\rho}\frac{\partial}{\partial z}\right) + k^2 - k_0^2\right] \qquad (1\text{-}12c)$$

式中，U 为声能流；ρ 为密度；$k = \omega/c$ 为介质波数；k_0 为参考波数。能流抛物方程模型在垂直界面处自然满足能量守恒，这得益于声能流 U 的连续性。相比于早期的 Padé 抛物方程模型[51]，在相同步长下，能流抛物方程模型计算精度可以提高 1～2 个数量级。

无限远辐射边界的处理在抛物方程模型中是非常重要的，常用的方法主要有三类：构建人工吸收层、构建完全匹配层和引入透射边界条件。传统上，构建人工吸收层是一种较为普遍的方法，通过增加海底的声吸收系数，实现声波的无反射传播。虽然构建足够大的人工吸收层可以基本实现声波的完全吸收，但相比于其他两种方法，计算速度慢，消耗计算机内存大。下面就构建完全匹配层和引入透射边界条件两种方法进行逐一介绍。

构建完全匹配层是一种非常有效的截断无限大区域引入较小的附加反射的技术。该技术最先由 Berenger[55] 引入电磁波领域，用于解决时域电磁波传播问题。随后，Chew 等[56] 将完全匹配层技术推广到频域麦克斯韦方程的研究，他们提出了复数坐标拉伸方法，该方法是频域完全匹配层技术的核心。在水声传播问题中，Lu 等[57] 将频域完全匹配层技术应用于二维抛物方程模型中，解决与距离有关的声传播问题。他们改进了原有的复数坐标拉伸方法，使得匹配效果更好。改进的复数坐标拉伸公式如下：

$$\hat{z} = z + \int_0^z \left[\gamma(\eta) + \mathrm{i}\sigma(\eta)\right]\mathrm{d}\eta \qquad (1\text{-}13)$$

式中，H 为声场计算的区域，当 $z \leq H$ 时，$\sigma(z) = 0$，$\gamma(z) = 0$；当 $z > H$ 时，$\sigma(z) > 0$，$\gamma(z) > 0$。2014 年，孙思鹏等[58] 将完全匹配层技术推广到高阶弹性抛物方程模型中，有效地提高了声场计算的速度。事实上，几个波长宽度的完全匹配层可以保持和几十个波长宽度的人工吸收层相一致的计算结果，这也是该技术最大的优点。

1998 年，Arnold 等[59] 将透射边界条件引入二维抛物方程模型中，实现了整个空间的无反射传播，并且满足无条件稳定。Petrov 等[60,61] 又将该技术推广到耦合抛物方程模型中，并证明了递推抛物方程初始边界值问题计算结果的存在性和唯一性。

另外，还有一种特别的技术：非局部边界条件（non-local boundary condition，NLBC）。该技术是一种处理抛物方程模型各种边界条件的系统性方法，用途广，适用性强，几乎可以处理所有涉及边界条件的问题。作为人工吸收层的替换方法之一，非局部边界条件不仅可以用于无限大辐射边界的处理，也可以用于界面边界的控制，例如不同介质界面、阻抗边界和初始边界的处理。2000 年，Brooke 等[62]将非局部边界条件表示成一系列平面波反射系数的形式，应用于高阶 Padé 抛物方程算法。同时，他们采用非局部边界条件，解释了统计粗糙海面所引起的声散射对相干损失的影响。2004 年，Mikhin[63]采用 Z 变换对均匀介质中的离散抛物方程模型进行了处理，获得了高阶有限差分抛物方程模型的非局部边界条件。他提出了许多不同界面的非局部边界条件，包含自由空间辐射边界、密度跳变边界、任意阻抗边界、源和初始场条件等。这些非局部边界条件非常适合给定的有限差分法，计算结果准确，并且不会受到 Padé 近似的阶数或者深度网格大小和距离网格大小的限制。一种广义的非局部边界条件由 Meyer 等[64]提出，并应用于浅海声学的反演问题。他们应用最优边界控制理论，建立了宽角抛物方程的连续解析自适应模型。2008 年，Mikhin[65]通过对 Padé 近似局部分式处理，得出了 Z 变换非局部边界条件下矩阵元素的封闭式解析表达式，并将其推广到许多高阶抛物方程模型和密度跳变界面的非局部边界条件。坐标空间的非局部边界条件通过矩阵元素分解成洛朗级数直接获得。与先前的数值方法相比，新的解析方法可以获得更高阶和高精度的洛朗级数元素，并且在通用域适应性好。在采用抛物方程近似对声传播进行建模时，Papadakis 等[66]采用非局部边界条件对分层海底区域进行建模。他们提出了一种诺伊曼-狄利克雷（或称狄利克雷-纽曼）映射形式的非局部边界条件，用于海底边界的处理。许多基准问题验证了该处理方法的准确性和适用性。

2. 地震波-声波传播

近些年来，弹性抛物方程理论研究成了一个热点。高阶弹性抛物方程（higher-order elastic parabolic equation，HEPE）作为具有标志意义的弹性抛物方程模型，由 Collins[35]在 1989 年提出。模型的递进格式为

$$\begin{pmatrix} \varDelta \\ w \end{pmatrix}_{r+\Delta r} = e^{ik_0\Delta r\sqrt{1+X}} \begin{pmatrix} \varDelta \\ w \end{pmatrix}_r \tag{1-14}$$

式中，$\varDelta$ 为位移膨胀量；w 为垂直位移；X 为深度算子。为了简化界面边界处理，Jerzak 等[67]推导出了以 (u_r, w) 为变量的声场递推求解公式：

$$\begin{pmatrix} u_r \\ w \end{pmatrix}_{r+\Delta r} = e^{ik_0\Delta r\sqrt{1+X}} \begin{pmatrix} u_r \\ w \end{pmatrix}_r \tag{1-15}$$

式中，u_r 和 w 分别代表水平位移距离方向偏导数和垂直位移。由于变量 u_r 和 w 在

水平弹性体-弹性体边界处满足连续性，因此在深度方向上可以直接采用 Galerkin 离散方法进行离散，使得抛物方程在处理分层弹性海底问题时更加方便和简单。对于弹性体-弹性体界面，Rayleigh 波和 Stoneley 波的声传播问题验证了新的弹性抛物方程的精确性。许多声传播的特性研究和抛物方程的改进算法均建立在该改进模型的基础上。

2005 年，Collins 等[68]采用坐标旋转和单散射讨论了多层与距离有关的声传播问题。随后，Outing 等[69]将坐标映射方法应用于相同的问题，他们分析了海湾环境下，Scholte 波转化成 Rayleigh 波的传播规律。2010 年，张海刚等[70]研究了水中声源激发的声波传播到岸上时转化为 Rayleigh 波的物理机理。为了研究弹性波和声波之间的能量转化过程，Frank 等[71]提出了两种弹性抛物方程模型的初始声场求解方法，分别为纵波初始场和横波初始场（地震声源）。在此基础上，Frank 等[72]做了大量的仿真和分析工作，得出了许多结论。他们展示了弹性波由地震声源到深海声道中 T 波的下坡转换过程，揭示了海洋中 T 波的生成机理。

之前在处理涉及冰层和其他薄弹性层的问题时，由于算子近似方式的问题，弹性抛物方程模型计算结果不稳定，容易发散。2015 年，Collins[73]将改进的 HEPE 模型推广到上述问题，提出了一种新的有理近似方法，采用旋转 Padé 近似和稳定性控制方法，使得计算结果稳定可靠。为了研究各向异性弹性介质中的波传播，Fredricks 等[74]建立了声波传播的各向异性抛物方程模型。新的方程采用一组新的变量，可以避免三阶算子，易于因式分解，简化边界条件的处理。2013 年，Metzler 等[75]将改进的 HEPE 模型应用于多孔弹性介质，并研究了多孔介质中弹性波传播特性。

3. 快速计算方法

当研究宽带、高频、远距离、深海声传播问题时，抛物方程模型程序所占用的计算机内存和计算速度成了制约声场预报性能的重要因素。随着多核计算机技术的不断发展，科研人员开始寻求计算机并行算法，用以改善声场计算的速度。另外，非均匀网格离散化方法也是一种有效提高抛物方程模型声场计算速度的方法。

2008 年，Castor 等[76]在大型并行计算机环境下，实现了已有的三维抛物方程模型的并行算法。并行算法包含两种计算方式的并行计算：频率并行计算和计算域的空间并行计算。两种计算方式的目的是减少宽带和脉冲信号传播的中央处理器运行时间。并行计算的性能采用经典的美国声学学会（Acoustial Society of America，ASA）标准楔形基准问题的三维扩展问题进行了验证。2009 年，王鲁军等[77]基于开放多线程（open multiprocessing，OpenMP）模型，提出了距离有关的声学模型（range-dependent acoustic model，RAM）的计算机并行算法。数值计算结果表明，该算法可以获得很高的并行计算效率。为了改善声场计算模型的预报速度，满足当前水声研究的要求，2011 年，王光旭等[78]考虑了多处理器集群系统多节点的特点，利用 OpenMP 模型和消息传递编程模型对 RAM 进行并行编程，实现了节点间和节点内两级并行，并通过数值实验对平台的性能进行了测试。结果表明，RAM 的并行计算方法具有很高的并行效率，可以大幅提高声场预报速度。

　　抛物方程模型的网格划分方式对模型的计算速度和精度都会产生影响。研究人员不断改进网格划分策略，已达到计算速度和精度双赢的目的。2011 年，Austin 等[79]改进了全三维抛物方程模型——三维海洋作业噪声模型（marine operations noise model 3D，MONM3D），引进了许多技术用于减少网格点需要的数量和计算时间。网格棋盘布局被用于 MONM3D 网格划分，它允许方位角网格划分个数随着半径的增加而改变，减少了水平面内网格划分的点数。这种设计建立了一种网格布局，在数值精度和计算速度上都可以令人满意。2013 年，Sanders 等[80]采用深度非均匀网格有限差分法求解抛物方程。在该方法中，深度算子采用非对称 Galerkin 离散方法离散。数值算例结果表明，该方法可以提高求解海洋声学和地震声学问题的有效性。

4. 精度改进方法

　　作为抛物方程模型性能评估最重要的因素，声场预报精度的高低直接与模型的优劣相对应。研究人员提出了许多抛物方程模型计算精度的评估方法和改进理论。

　　2003 年，Larsson 等[81]发展了一种亥姆霍兹方程求解方法，将包含域分解和快速变换理论的预处理克雷洛夫（Krylov）子空间理论应用于离散方程，可用来估计抛物方程模型的误差。2005 年，Flouri 等[82]提出了水下声传播抛物方程模型高效高精度数值解法，实现了多种显式和隐式数值解法。研究发现，显式数值解法存在严重的稳定性限制，而许多种隐式数值解法却可以满足无条件稳定。不同数值理论的精度和有效性采用直角形网格进行了估算。数值结果表明，抛物方程模型高效高精度数值解法计算结果与有限元理论得出的计算结果相一致。2006 年，宋俊等[83]对抛物方程远场近似条件和初始场的计算方法进行深入研究，获得了声场计算误差和参考距离之间的关系。结果表明，在最小参考距离内，抛物方程远场近似条件会随着抛物方程传播算子的传递而引起很大的计算误差。所以，抛物方程传播算子并不适合自初始场的计算。在此基础上，他推导了无远场近似条件限制的传播算子，该算子可以将初始场和远场声场计算统一起来，易于数值实现。对 Pekeris 波导和 ASA 标准楔形波导的数值仿真结果表明，利用该算子可以精确地获得抛物方程模型的初始场和传播损失结果。2006 年，Rypina 等[84]采用基于射线和模态的波场扩展, 分析了抛物方程和亥姆霍兹方程波场之间的相同和差异。研究表明, 在与距离无关的环境下, 波传播标准抛物方程所引入的相位误差可以通过适当的环境变换得以减小。当对抛物方程声场有贡献的射线和渐近模态相对于原始亥姆霍兹方程没有相位误差时, 变换环境下抛物方程模型的结果与实际环境下亥姆霍兹方程的结果相一致。数值仿真表明, 变换环境下抛物方程模型的预报结果与实际环境下亥姆霍兹方程的波场计算结果非常一致。

5. 水池实验验证

水声学是一门实验科学, 水声模型的建立必须经过实验的验证, 抛物方程模型亦是如此。实际海洋环境的复杂性、不确定性和不可控性使得模型的海上实验验证变得困难, 为此, 研究人员开始设计可控环境下的实验室实验, 用来验证抛物方程模型的正确性。2007 年, Collis 等[85]实施了一个水池实验, 用来研究水平和倾斜弹性海底环境下的水声传播。实验目的是采用高质量实验数据评估与距离有关传播模型的正确性。采用弹性材质聚氯乙烯板模拟弹性海底, 板相对较硬, 需要考虑海底环境下横波对声传播的影响。实验结果表明, 弹性抛物方程模型计算结果与实验结果较为一致。2011 年, Simpson 等[86]实施了另一个实验, 使用两个聚氯乙烯 (polyvinylchloride, PVC) 弹性板模拟变倾角海底。实验测量结果证明了变量旋转弹性抛物方程在处理变倾角海底的有效性。2013 年, 祝捍皓等[87]进行了模拟弹性海底的声传播测量实验, 用以验证抛物方程模型声场预报结果的正确性。实验中采用质地均匀的硬质 PVC 弹性板模拟弹性海底, 在消声水池中测量了水平和倾斜海底地形下的声传播损失结果, 检验了弹性抛物方程模型的性能。

1.2.2 三维抛物方程的发展

实际海洋环境是非常复杂的, 海底地形和水文环境都是空间的三维函数。当研究海洋波导中的声传播问题时, 在许多情况下, 必须考虑水平折射、声场能量耦合与声场衍射等三维声场效应。二维抛物方程模型不能满足实际三维传播问题的需要, 因此, 必须建立可靠的三维抛物方程模型。近些年来, 对三维抛物方程模型理论的研究取得了很多成果。

1. 三维抛物方程建模

自从 Lee 等[88]提出了第一个三维抛物方程模型——基于有限差分、常微分方程和有理因式近似的三维问题 (a finite difference solution, an ordinary differential equation, and rational function approximations for solving 3D problems, For3D) 模型

之后，研究人员不断寻求根式算子近似方式的改进算法和抛物方程的求解算法，建立了许多三维抛物方程模型，解决了许多经典的三维声传播问题。另外，在新的三维模型不断出现的同时，模型性能分析、评估、改进方面也取得了许多突出的成果。2001 年，Brooke 等[89]提出了应用于匹配场处理的 N×2D/3D 抛物方程声传播模型——加拿大抛物方程（Canadian parabolic equation，PECan）模型。该模型基于标准根式算子和传播近似，得出了三维声传播问题的交替方向隐式格式求解方法。传播距离方向采用分裂-步进 Padé 近似。三维水平方位角修正可以采用分裂-步进傅里叶算法或者克兰克-尼科尔森（Crank-Nicolson）有限差分解法。该模型以包含固定垂直网格、能量守恒、初始场、吸收和非局部边界条件的差分算子的公式化为特点。另外，该模型采用一种复杂的等效密度近似方法用来处理弹性海底。等效密度表达式如下：

$$\rho_b' = \rho_b \left[\left(1 - 2/N_s^2 \right)^2 + \frac{4\mathrm{i}\gamma_s\gamma_b}{k_0^2 N_s^4} \right] \tag{1-16}$$

式中，ρ_b 为实际海底介质的密度；$N_s = (c_0/c_s)(1+\mathrm{i}\alpha_s)$，$c_s$ 和 α_s 分别为弹性海底中横波声速和声吸收系数；$\gamma_s = k_0\sqrt{N_s^2-1}$ 和 $\gamma_b = k_0\sqrt{1-N_b^2}$ 分别为海底中横波和纵波的垂直波数，$N_b = (c_0/c_b)(1+\mathrm{i}\alpha_b)$，$c_b$ 和 α_b 分别为弹性海底中纵波声速和声吸收系数。2003 年，Sturm 等[90]采用高阶有限差分法对三维抛物方程模型中的方位量进行了处理，并讨论了点源和模态初始值，检验了新方法的数值收敛性和计算时间。为了考虑方位角声传播耦合效应，Sturm 等对根式算子近似方式进行了修改，表达式为

$$\sqrt{1+Y+Z} \approx \sqrt{1+Z} + \frac{1}{2}Y \tag{1-17}$$

式中，Y 和 Z 分别代表水平算子和深度算子。基准问题数值结果表明，高阶有限差分法可以在满足计算精度要求的同时，减少网格点数，并且该方法比快速傅里叶变换算法更灵活。两年后，Sturm[91]提出了三维浅海波导中宽带脉冲声信号传播的数值解法，研究了脉冲声信号在三维 ASA 标准楔形波导和三维高斯海湾的传播。时间-空间四维声传播问题的数值解法采用傅里叶合成技术。频率域声场计算采用三维宽角抛物方程（3D wide-angle parabolic equation，3DWAPE），该模型对方位角成分进行了宽角轴旁近似。彭朝晖等[92]开展了三维海洋环境下声传播的快速计算方法研究。基于波束位移射线-简正波理论和广义相积分理论，将耦合简正波-抛物方程理论推广至三维，建立了三维耦合简正波-抛物方程模型。三维耦合简正波-抛物方程理论的级数解由垂直方向的本地简正波和水平与方位角方向的简正波幅值系数共同组成。为了实现声场计算的快速算法，在垂直方向上采用广

义相积分和波束位移射线-简正波理论进行分析；在水平与方位角方向上采用与抛物方程模型相类似的方法解幅值系数方程。声场仿真结果表明，在精度一致的情况下，三维耦合简正波-抛物方程模型的计算速度可以有效提高约 100 倍，具有计算速度快、精度高的优点。2012 年，Lin 等[93,94]提出了两个三维直角坐标系下抛物方程模型。第一个模型采用分裂-步进傅里叶算法求解抛物方程，并且使用包含交叉项的高阶近似方法处理自由空间亥姆霍兹根式算子。第二个模型采用高阶算子分离方法，得出了三对角矩阵递推公式；使用一种交替方向隐式格式步进计算；保留了先前忽略的算子交叉项。为了获得更宽角的近似，包含交叉项的算子近似方式如下：

$$\sqrt{1+Y+Z} \approx -1+\sqrt{1+Y}+\sqrt{1+Z}-\left(-1+\sqrt{1+Y}\right)\left(-1+\sqrt{1+Z}\right)/2$$
$$-\left(-1+\sqrt{1+Z}\right)\left(-1+\sqrt{1+Y}\right)/2 \tag{1-18}$$

式中，Y 和 Z 分别代表水平算子和深度算子。算子近似中，交叉项的引入极大地改善了三维抛物方程模型的计算精度，为三维声传播效应的研究奠定了基础。2013 年，Lin[95]采用高阶根式算子分裂技术实现了介质声速缓慢变化的三维抛物波方程切线求解方法，并提出和讨论了未来相关的声学反演伴随矩阵模型的应用。同年，Lin 等[96]分别在直角坐标系和柱坐标系下提出了基于分裂-步进傅里叶算法的三维抛物方程模型，用来计算水下单向声传播问题。另外，他们采用两种方法改善了三维柱坐标系下抛物方程模型的水平方位角分辨率的一致性。第一种方法是根据非均匀采样理论，增加方位角方向网格点数，作为 r 的函数。第二种方法采用固定弧长网格，最终提出了一种三维直角坐标系下抛物方程初始场计算方法。在原有模型的基础上，Sturm[97]保留了算子近似所忽略的主阶交叉项，改进了三维柱坐标系下抛物方程模型。他提出的包含交叉项的算子近似方式与先前 Lin 等[94]提出的有所差别，算子近似表达式为

$$\sqrt{1+Y+Z} \approx -1+\sqrt{1+Y}+\sqrt{1+Z}-\frac{1}{4}YZ \tag{1-19}$$

式中，Y 和 Z 分别代表水平算子和深度算子。三维楔形波导标准问题计算结果表明，新的模型声场计算结果精度更高。

相比于三维流体抛物方程模型，三维弹性抛物方程模型的发展缓慢，因为弹性波传播是非常复杂的。1998 年，Lee 等[98]发展了一个三维数值计算模型，可以处理流体-弹性体界面条件。在此基础上，Nagem 等[99]将上述模型推广到控制不规则流体-弹性体界面。他们实现了一个完整的三维流体-弹性体抛物方程模型的结构，包括不规则边界处理、稳定的数值解法等。

2. 三维抛物方程模型分析、评估和改进方法

为了研究模型的相关性、收敛性和稳固性，Smith[100]采用基于分裂-步进傅里叶算法的三维抛物方程模型分析了不同海洋环境下的声传播结果，包含地声参数变化的水平海底、地声参数变化的随机倾斜海底和水平均匀海底中有内波扰动的标准浅海声速剖面环境；讨论了环境的随机扰动对声传播的影响，检验了三维模型计算结果的稳定性。Arvelo 等[101]考虑了水平方位角耦合效应，改进了二维分裂-步进 Padé 近似抛物方程模型，并应用于估算圣巴巴拉河河道中的声传播三维效应，测试了匹配场技术的性能。Hsieh 等[102]研究了柱坐标系下求解三维波传播的抛物方程近似的方位角限制，引入了水平方位限制的定义。研究表明，为了处理包含三维声传播效应的问题，抛物方程模型需要考虑 θ 方向的耦合。Chiu 等[103]分析处理了亚洲海国际声学实验（中国南海）（Asian Seas International Acoustics Experiment, South China Sea，ASIAEX SCS）实验中测量的三维海洋声传播数据，并采用三维抛物方程模型——For3D 宽角版本（a wide-angle version of the parabolic equation code For3D，For3DW）验证了声传播三维效应的存在。Chiu 等[104]通过对舰船噪声数据的分析，揭示了水下峡谷近表面声场的增强效应。三维抛物方程模型计算结果表明，增强效应是由峡谷海底的三维声传播会聚作用引起的。Ballard[105]采用三维绝热-抛物声传播模型分析了佛罗里达东海岸记录的声传播三维效应。模型采用三维绝热模态技术，其中水平折射方程采用直角坐标系下抛物方程近似求解。Lee 等[106]给出了预测-校正理论和预测-校正方法的数学和计算理论的发展，提出了三维抛物方程模型的预测-校正理论，用来评估模型计算结果是否可以满足精度的要求。如果不能满足要求，这个理论将改进结果直到它满足精度的要求。作为一项非常突出的成就，Sturm 等[107]开展了楔形海域横向声传播实验室缩比实验，一种子空间反演方法被用于重构描述模型环境的一些参数，采用了一种三维模型输入参数的最大后验估计，在时域和频域上实现了三维抛物方程预报结果和实验室缩比实验结果的定量比较。实验结果验证了三维抛物方程水声传播模型计算结果的可靠性和准确性。

1.2.3　抛物方程模型的应用

1. 粗糙界面和声速剖面对声传播的影响

Miles 等[108]将可变步长深度网格和 RAM 应用于粗糙海面前向散射建模，海面作为抛物方程模型的空气半无限空间-水边界处理，他们就皮尔逊-莫斯科维茨（Pierson-Moskowitz）海面单频散射问题比较了抛物方程模型与数值精确积分方程

方法计算结果。该理论推广到一系列结冰海面浅海波导中线性调频信号的变化建模。Senne 等[109]通过对小于 1s 到几十秒的时间尺度范围内海面动力学因素影响的前向传播建模，研究了声场的时间演变。将时间演变粗糙海面模型与抛物方程模型粗糙海面公式相结合，用来预测随时间变化声场。通过对时间变化声场进行近似，将不断演变的与距离有关的海面信息与其他环境参数相结合，输入声学模型，然后抛物方程模型将粗糙海面边界作为边界条件，进行近表面声场的计算。这种联合声学模型的有效性通过同时收集到包含界面波谱的声学和环境信息得以验证。秦继兴等[110]在西北太平洋大陆坡外海开展了一次声传播实验，在声道轴深度附近观测到的接收信号能量较为集中。为了分析向下斜坡环境下海面附近声源和斜坡表面声源两种情况下斜坡对声传播的影响，采用抛物方程模型进行了声场数值模拟，获得了不同声源深度下的传播损失和脉冲时域波形。研究结果表明，当声源在海面附近时，声波能量在与距离无关的深海环境中随距离衰减较快，而大陆坡的存在可以实现声波的远距离传播；当声源放在斜坡表面时，大陆坡会改变水中声波的传播，使其在声道轴深度附近能量较为集中，此种条件下小掠射角声线时间展宽很小。潘长明等[111]利用声学调查实测传播损失数据和抛物方程模型数值仿真，分析了东海近海温跃层对水声传播的影响。为了突破传统声学模型对海洋过程和水文要素难以综合讨论的限制，他们还采用同一海域不同航次、不同季节的声学调查数据，综合考虑海底地形、底质和海面实时气象水文特点，研究了声压传播损失在浅海温跃层影响下的变化规律。

2. 中尺度现象对声传播的影响

内波、涡旋等中尺度现象作为海洋中经常发生的现象，会引起海洋环境和水文的变化，进而引起海洋波导中声传播特性的改变。采用抛物方程模型研究中尺度现象对声传播的影响，可以有效改善声呐预报性能，提高定位精度。Flatté 等[112]采用抛物方程模型仿真估算了声信号通过内波时的均方根扰动和传播时间偏差近似值、垂直到达角均方根扰动和声脉冲传播，并与声路线积分的线性积分近似方法计算结果进行了比较。张林等[113]利用南海东北部海域所获得的温盐深仪资料，采用抛物方程模型研究了中尺度涡对声传播的影响规律。马树青等[114]采用抛物方程模型仿真研究了不同情况下浅海孤立子内波对声传播的影响，并分析了孤立子内波对水平阵波束形成定位性能的影响。另外，他们还比较分析了常规波束形成、最小方差无畸变响应（minimum variance distortionless response，MVDR）及多重信号分类（mutiple signal classification，MUSIC）等波束形成方法。Heaney 等[115]采用全三维抛物方程模型研究了海洋锋面和涡旋等中尺度现象对全球范围低频声学的影响。他们仿真计算了 2～16Hz 窄带声信号由南印度洋凯尔盖朗海台地震区到南大西洋阿森松岛南部接收阵之间 9100km 的传播。研究结果表明，中尺度现象引起的折射对远距离低频声源定位影响较大，例如地震声源和核爆检测问题。秦继兴等[116]基于绝热简正波-抛物方程理论，建立了三维声场计算模型。在垂直方向上采用经典的简正波模型计算本征值和本征函数；在水平方向上使用高阶抛物方程模型求解简正波幅值方程。模型物理意义清晰，计算速度快，但由于忽略了不同阶简正波之间的耦合，仅仅适用于海洋环境参数水平变化缓慢的声传播问题。此外，他们采用该模型仿真分析了内波海域和大陆架海域的声传播的水平折射现象。计算结果表明，声波的水平折射将水平面划分为不同的区域，不同区域内的声场结构差别明显。另外，声强在水平面内的分布与声源频率和简正波的号数密切相关，这种依赖关系是导致声信号波形畸变、频谱变化以及声场时空扰动的主要原因。

3. 声矢量场计算方法

随着声矢量水听器技术的不断发展和进步，研究人员对于声矢量场的计算和传播特性的研究逐步开展，基于抛物方程理论的声矢量场计算方法也得以发展。Smith[117]介绍了声压传播模型求解声质点振速的数值方法，实现了采用抛物方程和简正波理论求解声质点振速。抛物方程模型采用分裂-步进傅里叶算法，简正波理论包含耦合简正波和绝热简正波。数值计算结果表明，采用两种方法计算得出的质点振速场结果非常一致，验证了计算结果的正确性。马树青等[118]应用抛物方程模型仿真计算了声压场的分布，并利用欧拉公式，推导了基于抛物方程近似的声矢量场求解表达式，并利用该表达式仿真分析了典型环境下的声矢量场传播特性。张海刚等[119]采用反转算子方法，开展了基于抛物方程近似的声矢量场建模和预报方法的研究，仿真分析了弹性海底浅海波导中声质点位移场的分布规律，并与基于数值差分方法的声矢量场求解方法做了对比，验证了该方法的准确性和稳健性，适用于声矢量场的快速预报。张海刚等[120]采用基于弹性抛物方程近似的声矢量场计算模型，仿真分析了楔形弹性海底环境中甚低频矢量场和海底地震波场分布规律，研究了声源深度和频率对声传播的影响，数值计算结果表明，在楔形弹性海底环境中，声波传播存在能量泄漏现象，并利用简正波理论说明了发生能量泄漏的位置可以由水深-波长比进行估计。

4. 散射场、混响场的计算理论

20世纪90年代，Collins等[38,39]提出了双向传播的流体和弹性抛物方程模型，用于反向散射场的计算。随后，更多的研究人员开始进行双向模型的探索研究。Zhu等[121]实现了一种柱坐标系下三维双向抛物方程声传播模型，模型沿着半径方向递进，考虑了水平折射效应，采用单散射方法求解反向散射场。模型可以用于研究包含三维效应的三维声散射现象。Zhu[122]采用上述提出的解决三维散射问题的三维双向抛物方程模型，应用步进式聚焦方法，实现了水下目标图像重构。Lingevitch 等[123]发展并检验了考虑多次散射的二维双向抛物方程模型。与距离有关的介质采用阶梯近似进行区域划分，每个区域声场包含前向场和反向场。垂直界面处的边界条件采用根式算子有理分式近似获得。有理分式近似也应用于相邻界面之间的相关声场。迭代算法用来求解垂直界面处的前向场和反向场。该模型适用于求解来自波导和物体的散射声场。在求解双向传播声场时，Lingevitch 等[123]推导出了两个迭代求解公式：

$$\vec{p}_{j+1} = \frac{\tau-2}{\tau}\vec{p}_{j+1} + \frac{2}{\tau}E_j\vec{p}_j + \frac{1}{\tau}\left(1 - D_{j+1}^{-1}D_j\right)\times\left(\bar{p}_j - E_j\vec{p}_j\right) \qquad (1\text{-}20a)$$

式中，p_j 表示第 j 个垂直分层中的声压，箭头表示传播方向，见图 1-2。

$$\bar{p}_j = \frac{\tau-2}{\tau}\bar{p}_j + \frac{2}{\tau}E_{j+1}\bar{p}_{j+1} - \frac{1}{\tau}\left(1 - D_j^{-1}D_{j+1}\right)\times\left(E_{j+1}\bar{p}_{j+1} - \vec{p}_{j+1}\right) \qquad (1\text{-}20b)$$

式中，$\tau \geqslant 2$ 为收敛系数；D、E 为与环境有关的变换量。双向声场传播结构图如图 1-2 所示。

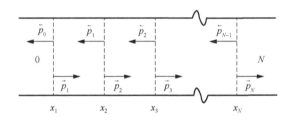

图 1-2　双向声场传播结构图

　　Lingevitch 等[124]将上述双向抛物方程模型用于粗糙界面混响建模。模型用于估算海底粗糙度为高斯分布和指数分布的混响包络随机密度函数。对于高斯分布粗糙度界面，抛物方程模型得出的包络统计结果与所预料的 Rayleigh 分布相一致。抛物方程仿真结果与已有的混响解析解法进行了比较，验证了模型的正确性。

1.2.4　抛物方程模型的未来发展方向

1. 单散射近似的基准检验问题

　　弹性抛物方程模型的核心是流体-弹性体边界的处理，这直接决定了模型的计算精度。尽管前文已经描述了许多种边界处理方法，但到目前为止，单散射近似依然是最适合的方法。单散射近似的精度已经在许多问题中得到检验，但检验模型的计算精度并不令人满意。因此，需要建立一种弹性环境下的基准解，作为弹性波传播问题的检验标准。

2. 三维弹性抛物方程模型

时至今日，典型环境下有效的三维弹性抛物方程模型是由 Nagem 等[99]提出的，然而他们的模型仅仅适用于柱对称的海洋环境。因为实际海底地形通常是不规则的，所以建立三维弹性抛物方程模型具有很大的意义。在新的世纪，这方面的研究仍然是一个巨大的挑战。

3. 远程声传播三维抛物方程模型

对于在柱坐标系下建立的三维抛物方程模型，随着距离的增加，水平方位角网格逐渐变得稀疏，严重地影响到声场计算的精度。对于在直角坐标系下建立的三维抛物方程模型，传播距离 x 越长，需要在 y 方向设置的计算域也越长，否则声场计算结果会产生较大误差，这极大地增加了声场计算的负担。产生误差的原因是不确定的，有待进一步研究。总之，三维抛物方程模型在实现远程声传播预报方面还有许多问题没有解决。

4. 环境参数快速变化的三维双向抛物方程模型

通常，三维抛物方程模型的大多数算例海底地形多为楔形和海底山等小倾角海域。对于快速上升和下降的海域，抛物方程模型的计算精度存在较大问题。此种反射波能量较强的海域，开展双向抛物方程模型的研究很有必要，对于改善抛物方程模型的计算精度具有决定性的意义。在三维声传播效应特别剧烈的环境下，建立一种可靠的双向抛物方程模型有很大的困难，需要未来很长一段时间的探索和研究。

参 考 文 献

[1]　Etter P C. 水声建模与仿真[M]. 3 版. 蔡志明，译. 北京: 电子工业出版社, 2005: 116, 141-142, 156.

[2]　Pekeris C L. Theory of propagation of explosive sound in shallow water[C]. Geological Society of America, 1948: 1-117.

[3]　Godin O A. Theory of sound propagation in layered moving media[J]. The Journal of the Acoustical Society of America, 1992, 92(6): 3442.

[4]　郭圣明. 过渡区海域的声场求解[D]. 哈尔滨: 哈尔滨工程大学, 1997.

[5]　Stickler D C. Normal-mode program with both the discrete and branch line contributions[J]. The Journal of the Acoustical Society of America, 1975, 57(4): 856-861.

[6]　Jensen F B, Kuperman W A, Porter M B, et al. Computational Ocean Acoustics[M]. New York: Springer-Verlag, 1992.

[7]　Porter M B. The KRAKEN normal mode program[R]. Washington D. C.: Naval Research Lab, 1992.

[8] Jensen F B, Ferla M C. SNAP: the SACLANTCEN normal-mode acoustic propagation model[R]. La Spezia: Saclant ASW Research Centre, 1979.

[9] Porter M B, Reiss E L. A numerical method for ocean-acoustic normal modes[J]. The Journal of the Acoustical Society of America, 1984, 76(4): 244-252.

[10] Porter M B, Reiss E L. A numerical method for bottom interacting ocean acoustic normal modes[J]. The Journal of the Acoustical Society of America, 1985, 77(5): 1760-1767.

[11] Zhang Z Y, Tindle C T. Complex effective depth of the ocean bottom[J]. The Journal of the Acoustical Society of America, 1993, 93(1): 205-213.

[12] Pierce A D. Extension of the method of normal modes to sound propagation in an almost stratified medium[J]. The Journal of the Acoustical Society of America, 1965, 37(1): 19-27.

[13] Milder M D. Ray and wave invariants for SOFAR channel propagation[J]. The Journal of the Acoustical Society of America, 1969, 46(5B): 1259-1263.

[14] Abawi A T, Kuperman W A, Collins M D. The coupled mode parabolic equation[J]. The Journal of the Acoustical Society of America, 1996, 100(4):2613-2614.

[15] 彭朝晖, 李风华. 基于 WKBZ 理论的耦合简正波-抛物方程理论[J]. 中国科学: A 辑, 2001, 31(2): 165-172.

[16] 张仁和, 何怡, 刘红. 水平不变海洋声道中的 WKBZ 简正波方法[J]. 声学学报, 1994, 19(1): 1-12.

[17] 张仁和, 李风华. 浅海声传播的波束位移射线简正理论[J]. 中国科学: A 辑, 1999, 29(3): 241-251.

[18] 张仁和, 刘红, 何怡. 水平缓变声道中的 WKBZ 绝热简正波理论[J]. 声学学报, 1994, 19(6): 408-417.

[19] 彭朝晖, 张仁和. 三维耦合简正波-抛物方程理论及算法研究[J]. 声学学报, 2005, 30(2): 97-102.

[20] 杨春梅, 骆文于, 张仁和, 等. 全局矩阵耦合简正波方法与现有模型的比较[J]. 声学学报, 2014, 39(3): 295-308.

[21] Evans R B. A coupled mode solution for acoustic propagation in a waveguide with stepwise depth variations of a penetrable bottom[J]. The Journal of the Acoustical Society of America, 1983, 74(1): 188-195.

[22] Dinapoli F R. Fast field program for multilayered media[J]. Fast Field Program for Multilayered Media, 1971: 2-10.

[23] Ewing W M, Jardetzky W S, Press F. Elastic Waves in Layered Media[M]. New York: McGraw-Hill, 1957.

[24] Dinapoli F R, Deavenport R L. Theoretical and numerical Green's function field solution in a plane multilayered medium[J]. The Journal of the Acoustical Society of America, 1980, 67(1): 92-105.

[25] Schmidt H. SAFARI: seismo-acoustic fast field algorithm for range-independent environments: user's guide[R]. La Spezia: Saclant Undersea Research Centre, 1988.

[26] Goh J T, Schmidt H. A hybrid coupled wave-number integration approach to range-dependent seismoacoustic modeling[J]. The Journal of the Acoustical Society of America, 1996, 100(3): 1409-1420.

[27] Gilbert K E, Evans R B. A Green's function method for one-way wave propagation in a range-dependent ocean environment[J]. Ocean Seismo-Acoustics, 1986: 21-28.

[28] Seong W. Hybrid Galerkin boundary element-wavenumber integration method for acoustic propagation in laterally inhomogeneous media[D]. Cambridge, MA: Massachusetts Institute of Technology, 1991.

[29] Grilli S, Pedersen T, Stepanishen P. A hybrid boundary element method for shallow water acoustic propagation over an irregular bottom[J]. Engineering Analysis with Boundary Elements, 1998, 21(2): 131-145.

[30] Santiago J A F, Wrobel L C. A boundary element model for underwater acoustics in shallow water[J]. Computer Modeling in Engineering & Sciences, 2000, 1(3): 73-80.

[31] Tappert F D. The parabolic approximation method[M]//Keller J B, Papadakis J S. Wave Propagation and Underwater Acoustics. New York: Springer-Verlin, 1977.

[32] Lee D, Pierce A D. Parabolic equation development in recent decade[J]. Journal of Computational Acoustics, 1995, 3(2): 95-173.

[33] Lee D, Pierce A D, Shang E C. Parabolic equation development in the twentieth century[J]. Journal of Computational Acoustics, 2000, 8(4): 527-637.

[34] 朴胜春. 抛物方程方法中海底边界条件处理的改进研究[D]. 哈尔滨: 哈尔滨工程大学, 1999.

[35] Collins M D. A higher-order parabolic equation for wave propagation in an ocean overlying an elastic bottom[J]. The Journal of the Acoustical Society of America, 1989, 86(4): 1459-1464.

[36] Lee D, Botseas G. IFD: an implicit finite-difference computer model for solving the parabolic equation[R]. New London: Naval Underwater Systems Center, 1982.

[37] Lee D, Mcdaniel S T. Wave field computations on the interface: an ocean acoustic model[J]. Mathematical Modelling, 1983, 4(5): 473-488.

[38] Collins M D, Evans R B. A two-way parabolic equation for acoustic back scattering in the ocean[J]. The Journal of the Acoustical Society of America, 1992, 91(3): 1357-1368.

[39] Collins M D. A two-way parabolic equation for elastic media[J]. The Journal of the Acoustical Society of America, 1993, 93(4): 1815-1825.

[40] Küsel E T, Siegmann W L, Collins M D. A single-scattering correction for large contrasts in elastic layers[J]. The Journal of the Acoustical Society of America, 2007, 121(2): 808-813.

[41] Metzler A M, Siegmann W L, Collins M D. Single-scattering parabolic equation solutions for elastic media propagation, including Rayleigh waves[J]. The Journal of the Acoustical Society of America, 2012, 131(2): 1131-1137.

[42] Collins M D. A single-scattering correction for the seismo-acoustic parabolic equation[J]. The Journal of the Acoustical Society of America, 2012, 131(4): 2638-2642.

[43] Collins M D, Siegmann W L. Treatment of a sloping fluid-solid interface and sediment layering with the seismo-acoustic parabolic equation[J]. The Journal of the Acoustical Society of America, 2015, 137(1): 492-497.

[44] Collins M D. The rotated parabolic equation and sloping ocean bottoms[J]. The Journal of the Acoustical Society of America, 1990, 87(3): 1035-1037.

[45] Outing D A, Siegmann W L, Collins M D, et al. Generalization of the rotated parabolic equation to variable slopes[J]. The Journal of the Acoustical Society of America, 2006, 120(6): 3534-3538.

[46] Collis J M, Siegmann W L, Zampolli M, et al. Extension of the rotated elastic parabolic equation to beach and island propagation[J]. IEEE Journal of Oceanic Engineering, 2009, 34(4): 617-623.

[47] Collins M D, Dacol D K. A mapping approach for handling sloping interfaces[J]. The Journal of the Acoustical Society of America, 2000, 107(4): 1937-1942.

[48] Sturm F, Kampanis N A. Accurate treatment of a general sloping interface in a finite-element 3D narrow-angle PE model[J]. Journal of Computational Acoustics, 2007, 15(3): 285-318.

[49] Metzler A M, Moran D, Collis J M, et al. A scaled mapping parabolic equation for sloping range-dependent environments[J]. The Journal of the Acoustical Society of America, 2014, 135(3): EL172-EL178.

[50] Collins M D, Westwood E K. A higher-order energy-conserving parabolic equation for range-dependent ocean depth, sound speed, and density[J]. The Journal of the Acoustical Society of America, 1991, 89(3): 1068-1075.

[51] Collins M D. An energy-conserving parabolic equation for elastic media[J]. The Journal of the Acoustical Society of America, 1993, 94(2): 975-982.

[52] Collins M D, Schmidt H, Siegmann W L. An energy-conserving spectral solution[J]. The Journal of the Acoustical Society of America, 2000, 107(4): 1964-1966.

[53] Mikhin D. Energy-conserving and reciprocal solutions for higher-order parabolic equations[J]. Journal of Computational Acoustics, 2001, 9(1): 183-203.

[54] Mikhin D. Generalizations of the energy-flux parabolic equation[J]. Journal of Computational Acoustics, 2005, 13(4): 641-665.

[55] Berenger J P. A perfectly matched layer for the absorption of electromagnetic waves[J]. Journal of Computational Physics, 1994, 114(2): 185-200.

[56] Chew W C, Weedon W H, Sezginer A. A 3-D perfectly matched medium by coordinate stretching and its absorption of static fields[C]. Applied Computational Electromagetics Symposium Digest, 1995: 482-489.

[57] Lu Y Y, Zhu J X. Perfectly matched layer for acoustic waveguide modeling: benchmark calculations and perturbation analysis[J]. Computer Modeling in Engineering and Sciences, 2007, 22(3): 235-247.

[58] 孙思鹏, 张海刚, 徐传秀, 等. 匹配层在弹性抛物方程中的应用[J]. 声学技术, 2014, 33(S2): 56-59.

[59] Arnold A, Ehrhardt M. Discrete transparent boundary conditions for wide angle parabolic equations in underwater acoustics[J]. Journal of Computational Physics, 1998, 145(2): 611-638.

[60] Petrov P S, Ehrhardt M. Transparent boundary conditions for the high-order parabolic approximations[C]. 2015 Days on Diffraction, Saint Petersburg, Russia, 2015.

[61] Petrov P S, Ehrhardt M. Transparent boundary conditions for iterative high-order parabolic equations[J]. Journal of Computational Physics, 2016, 313(4): 144-158.

[62] Brooke G H, Thomson D J. Non-local boundary conditions for high-order parabolic equation algorithms[J]. Wave Motion, 2000, 31(4): 117-129.

[63] Mikhin D. Exact discrete nonlocal boundary conditions for high-order Padé parabolic equations[J]. The Journal of the Acoustical Society of America, 2004, 116(5): 2864-2875.

[64] Meyer M, Hermand J P. Optimal nonlocal boundary control of the wide-angle parabolic equation for inversion of a waveguide acoustic field[J]. The Journal of the Acoustical Society of America, 2005, 117(5): 2937-2948.

[65] Mikhin D. Analytic discrete transparent boundary conditions for high-order Padé parabolic equations[J]. Wave Motion, 2008, 45(7-8): 881-894.

[66] Papadakis J S, Flouri E T. A Neumann to Dirichlet map for the bottom boundary of a stratified sub-bottom region in parabolic approximation[J]. Journal of Computational Acoustics, 2008, 16(3): 409-425.

[67] Jerzak W, Siegmann W L, Collins M D. Modeling Rayleigh and Stoneley waves and other interface and boundary effects with the parabolic equation[J]. The Journal of the Acoustical Society of America, 2005, 117(6): 3497-3503.

[68] Collins M D, Simpson H J, Soukup R J, et al. Parabolic equation techniques for range-dependent seismo-acoustics[C]. 2nd Conference on Mathematical Modelling of Wave Phenomena, Växjö, Sweden, 2005.

[69] Outing D A, Siegmann W L, Collins M D. Scholte-to-Rayleigh conversion and other effects in range-dependent elastic media[J]. IEEE Journal of Oceanic Engineering, 2007, 32(3): 620-625.

[70] 张海刚, 朴胜春, 杨士莪. 水中甚低频声源激发海底地震波的传播[J]. 哈尔滨工程大学学报, 2010, 31(7): 879-887.

[71] Frank S D, Odom R I, Collis J M. Elastic parabolic equation solutions for underwater acoustic problems using seismic sources[J]. The Journal of the Acoustical Society of America, 2013, 133(3): 1358-1367.

[72]　Frank S D, Collis J M, Odom R I. Elastic parabolic equation solutions for oceanic T-wave generation and propagation from deep seismic sources[J]. The Journal of the Acoustical Society of America, 2015, 137(6): 3534-3543.

[73]　Collins M D. Treatment of ice cover and other thin elastic layers with the parabolic equation method[J]. The Journal of the Acoustical Society of America, 2015, 137(3): 1557-1563.

[74]　Fredricks A J, Siegmann W L, Collins M D. A parabolic equation for anisotropic elastic media[J]. Wave Motion, 2000, 31(2): 139-146.

[75]　Metzler A M, Siegmann W L, Collins M D, et al. Two parabolic equations for propagation in layered poro-elastic media[J]. The Journal of the Acoustical Society of America, 2013, 134(1): 246-256.

[76]　Castor K, Sturm F. Investigation of 3D acoustical effects using a multiprocessing parabolic equation based algorithm[J]. Journal of Computational Acoustics, 2008, 16(2): 137-162.

[77]　王鲁军, 彭朝晖. 基于 OpenMP 的抛物方程(PE)声场并行计算方法[J]. 声学技术, 2009, 28(3): 227-231.

[78]　王光旭, 彭朝晖, 王鲁军. 宽带 RAM 模型在对称多处理器集群上的并行设计[J]. 声学技术, 2011, 30(3): 284-288.

[79]　Austin M E, Chapman N R. The use of tessellation in three-dimensional parabolic equation modeling[J]. Journal of Computational Acoustics, 2011, 19(3): 221-239.

[80]　Sanders W M, Collins M D. Nonuniform depth grids in parabolic equation solutions[J]. The Journal of the Acoustical Society of America, 2013, 133(4): 1953-1958.

[81]　Larsson E, Abrahamsson L. Helmholtz and parabolic equation solutions to a benchmark problem in ocean acoustics[J]. The Journal of the Acoustical Society of America, 2003, 113(5): 2446-2454.

[82]　Flouri E T, Ekaterinaris J A, Kampanis N A. High-order accurate numerical schemes for the parabolic equation[J]. Journal of Computational Acoustics, 2005, 13(4): 613-639.

[83]　宋俊, 彭朝晖. 抛物方程远场近似条件分析[J]. 声学学报, 2006, 31(1): 85-90.

[84]　Rypina I I, Udovydchenkov I A, Brown M G. A transformation of the environment eliminates parabolic equation phase errors[J]. The Journal of the Acoustical Society of America, 2006, 120(3): 1295-1304.

[85]　Collis J M, Siegmann W L, Collins M D, et al. Comparison of simulations and data from a seismo-acoustic tank experiment[J]. The Journal of the Acoustical Society of America, 2007, 122(4): 1987-1993.

[86]　Simpson H J, Collis J M, Soukup R J, et al. Experimental testing of the variable rotated elastic parabolic equation[J]. The Journal of the Acoustical Society of America, 2011, 130（5）: 2681-2686.

[87]　祝捍皓, 朴胜春, 张海刚, 等. 典型海底条件下抛物方程声场计算方法的缩比实验验证[J]. 上海交通大学学报, 2013, 47(4): 532-537.

[88]　Lee D, Botseas G, Siegmann W L. Examination of three-dimensional effects using a propagation model with azimuth-coupling capability (FOR3D)[J]. The Journal of the Acoustical Society of America, 1992, 91(6): 3192-3202.

[89]　Brooke G H, Thomson D J, Ebbeson G R. PECAN: a Canadian parabolic equation model for underwater sound propagation[J]. Journal of Computational Acoustics, 2001, 9(1): 69-100.

[90]　Sturm F, Fawcett J A. On the use of higher-order azimuthal schemes in 3-D PE modeling[J]. The Journal of the Acoustical Society of America, 2003, 113(6): 3134-3145.

[91]　Sturm F. Numerical study of broadband sound pulse propagation in three-dimensional oceanic waveguides[J]. The Journal of the Acoustical Society of America, 2005, 117(3): 1058-1079.

[92]　彭朝晖, 张仁和. 三维耦合简正波-抛物方程理论及算法研究[J]. 声学学报, 2005, 30(2): 97-102.

[93] Lin Y T, Duda T F. A higher-order split-step Fourier parabolic-equation sound propagation solution scheme[J]. The Journal of the Acoustical Society of America, 2012, 132(2): EL61-EL67.

[94] Lin Y T, Collis J M, Duda T F. A three-dimensional parabolic equation model of sound propagation using higher-order operator splitting and Padé approximants[J]. The Journal of the Acoustical Society of America, 2012, 132(5): EL364-EL370.

[95] Lin Y T. A higher-order tangent linear parabolic-equation solution of three-dimensional sound propagation[J]. The Journal of the Acoustical Society of America, 2013, 134(2): EL251-EL257.

[96] Lin Y T, Duda T F, Newhall A E. Three-dimensional sound propagation models using the parabolic-equation approximation and the split-step Fourier method[J]. Journal of Computational Acoustics, 2013, 21(1): 1250018.

[97] Sturm F. Leading-order cross term correction of three-dimensional parabolic equation models[J]. The Journal of the Acoustical Society of America, 2016, 139(1): 263-270.

[98] Lee D, Nagem R J, Resasco D C, et al. A coupled 3D fluid-elastic wave propagation model: mathematical formulation and analysis[J]. Applicable Analysis, 1998, 68(1-2): 147-178.

[99] Nagem R J, Lee D. Coupled 3D wave equations with irregular fluid-elastic interface: theoretical development[J]. Journal of Computational Acoustics, 2002, 10(4): 421-444.

[100] Smith K B. Convergence, stability, and variability of shallow water acoustic predictions using a split-step Fourier parabolic equation model[J]. Journal of Computational Acoustics, 2001, 9(1): 243-285.

[101] Arvelo J I, Rosenberg A P. Three-dimensional effects on sound propagation and matched-field processor performance[J]. Journal of Computational Acoustics, 2001, 9(1): 17-39.

[102] Hsieh L W, Chen C F, Yuan M C, et al. Azimuthal limitation in 3D PE approximation for underwater acoustic propagation[J]. Journal of Computational Acoustics, 2007, 15(2): 221-233.

[103] Chiu Y S, Chang Y Y, Hsieh L W, et al. Three-dimensional acoustics effects in the ASIAEX SCS experiment[J]. Journal of Computational Acoustics, 2009, 17(1): 11-27.

[104] Chiu L Y S, Lin Y T, Chen C F, et al. Focused sound from three-dimensional sound propagation effects over a submarine canyon[J]. The Journal of the Acoustical Society of America, 2011, 129(6): EL260-EL266.

[105] Ballard M S. Modeling three-dimensional propagation in a continental shelf environment[J]. The Journal of the Acoustical Society of America, 2012, 131(3): 1969-1977.

[106] Lee D, Chen C F. A new procedure to achieve required accuracy in computational ocean acoustics: theoretical development[J]. Journal of Computational Acoustics, 2012, 20(4): 1250012.

[107] Sturm F, Korakas A. Comparisons of laboratory scale measurements of three-dimensional acoustic propagation with solutions by a parabolic equation model[J]. The Journal of the Acoustical Society of America, 2013, 133(1): 108-118.

[108] Miles D A, Hewitt R N, Donnelly M K, et al. Forward scattering of pulses from a rough sea surface by Fourier synthesis of parabolic equation solutions[J]. The Journal of the Acoustical Society of America, 2003, 114(3): 1266-1280.

[109] Senne J M, Song A J, Badiey M, et al. Parabolic equation modeling of high frequency acoustic transmission with an evolving sea surface[J]. The Journal of the Acoustical Society of America, 2012, 132(3): 1311-1318.

[110] 秦继兴, 张仁和, 骆文于, 等. 大陆坡海域二维声传播研究[J]. 声学学报, 2014, 39(2): 145-153.

[111] 潘长明, 高飞, 孙磊, 等. 浅海温跃层对水声传播损失场的影响[J]. 哈尔滨工程大学学报, 2014, 35(4): 401-407.

[112] Flatté S M, Vera M D. Comparison between ocean-acoustic fluctuations in parabolic-equation simulations and estimates from integral approximations[J]. The Journal of the Acoustical Society of America, 2003, 114(2): 697-706.

[113] 张林, 笪良龙, 卢晓亭. 基于抛物方程模型的南海中尺度涡声场分析[J]. 声学技术, 2009, 28(2): 177-179.

[114] 马树青, 杨士莪, 朴胜春, 等. 浅海孤立子内波对海洋声传播损失与声源定位的影响研究[J]. 振动与冲击, 2009, 28(11): 73-78, 204.

[115] Heaney K D, Campbell R L. Three-dimensional parabolic equation modeling of mesoscale eddy deflection[J]. The Journal of the Acoustical Society of America, 2016, 139(2): 918-926.

[116] 秦继兴, Katsnelson B, 彭朝晖, 等. 三维绝热简正波: 抛物方程理论及应用[J]. 物理学报, 2016, 65(3): 034301.

[117] Smith K B. Validating range-dependent, full-field models of the acoustic vector field in shallow water environments[J]. Journal of Computational Acoustics, 2008, 16(4): 471-486.

[118] 马树青, 任群言, 朴胜春, 等. 声矢量场的抛物方程计算方法[J]. 哈尔滨工程大学学报, 2009, 30(7): 775-780.

[119] 张海刚, 杨士莪, 朴胜春, 等. 声矢量场计算方法[J]. 哈尔滨工程大学学报, 2010, 31(4): 470-475.

[120] 张海刚, 朴胜春, 杨士莪, 等. 楔形弹性海底声矢量场分布规律研究[J]. 声学学报, 2011, 36(4): 389-395.

[121] Zhu D, Bjørnø L. A three-dimensional, two-way, parabolic equation model for acoustic backscattering in a cylindrical coordinate system[J]. The Journal of the Acoustical Society of America, 2000, 108(3): 889-898.

[122] Zhu D. Application of a three-dimensional two-way parabolic equation model for reconstructing images of underwater targets[J]. Journal of Computational Acoustics, 2001, 9(3): 1067-1078.

[123] Lingevitch J F, Collins M D, Mills M J, et al. A two-way parabolic equation that accounts for multiple scattering[J]. The Journal of the Acoustical Society of America, 2002, 1112(2): 476-480.

[124] Lingevitch J F, Lepage K D. Parabolic equation simulations of reverberation statistics from non-Gaussian-distributed bottom roughness[J]. IEEE Journal of Oceanic Engineering, 2010, 35(2): 199-208.

第 2 章　抛物方程模型基础

根据前面分析可知，抛物方程方法是处理与距离有关的海洋环境中声传播问题的较有效方法之一。本章将依次介绍标准抛物方程和弹性抛物方程递推计算表达式的推导过程，给出不同的海底边界条件处理方法和自初始场的表达方法，最终介绍基于抛物方程方法的声矢量场（位移场）求解方法。

2.1　流体抛物方程理论

流体抛物方程是从声压波动方程出发推导化简得出，水平缓慢变化理想流体中声压波动方程形式为

$$\rho \nabla \hat{P} \frac{1}{\rho} \nabla \hat{P} - \frac{1}{c^2} \frac{\partial^2 \hat{P}}{\partial^2 t} = F(z) \tag{2-1}$$

式中，c 为声速；ρ 为介质密度；F 表示声源函数[1]。当声源为脉冲声源时，即 $F(z) = f(z)\delta(r_0)$，代入式（2-1）后对其做傅里叶变换，即可得亥姆霍兹方程：

$$\nabla^2 \tilde{P} + \rho \frac{\partial}{\partial z}\left(\frac{1}{\rho}\frac{\partial \tilde{P}}{\partial z}\right) + k^2 \tilde{P} = 0 \tag{2-2}$$

式中，$k = \dfrac{\omega}{c(r,z)}$ 为波数，ω 为角频率；$\tilde{P}$ 为 $\hat{P}$ 的傅里叶变换形式。

在柱坐标系下，式（2-2）可改写成

$$\frac{\partial^2 \tilde{P}}{\partial r^2} + \frac{1}{r}\frac{\partial \tilde{P}}{\partial r} + \frac{1}{r^2}\frac{\partial^2 \tilde{P}}{\partial \theta^2} + \rho \frac{\partial}{\partial z}\left(\frac{1}{\rho}\frac{\partial \tilde{P}}{\partial z}\right) + k^2 \tilde{P} = 0 \tag{2-3}$$

当介质参数在一个波长距离上变化不大时，可以近似认为声波能量以柱面波形式扩展，且考虑轴对称的情况下，可以忽略方程中与 θ 相关的量，从而式（2-3）化简为

$$\frac{\partial^2 \tilde{P}}{\partial r^2} + \frac{1}{r}\frac{\partial \tilde{P}}{\partial r} + \rho \frac{\partial}{\partial z}\frac{1}{\rho}\frac{\partial \tilde{P}}{\partial z} + k^2 \tilde{P} = 0 \tag{2-4}$$

因为在中远程固定边界波导中，声波近似以柱面波的形式传播，其能量幅值[2]正比于 $r^{-1/2}$。因此做变量替换 $\tilde{P} = \dfrac{P}{\sqrt{r}}$ 代入式（2-4）中，即得到如下形式的方程：

$$\frac{\partial^2 P}{\partial r^2} + \rho \frac{\partial}{\partial z} \frac{1}{\rho} \frac{\partial P}{\partial z} + k^2 P + \frac{P}{4r^2} = 0 \qquad (2\text{-}5)$$

由于声源的奇异性，声源附近声场分布非常复杂，不易求解。在远离声源的环境中，当满足远场条件，即 $kr \gg 1$，$k^2 \gg \dfrac{1}{r^2}$，则式（2-5）中最后一项可以忽略不计，即

$$\frac{\partial^2 P}{\partial r^2} + \rho \frac{\partial}{\partial z} \frac{1}{\rho} \frac{\partial P}{\partial z} + k^2 P = 0 \qquad (2\text{-}6)$$

式（2-6）写成算子表达形式为

$$\left[\frac{\partial^2}{\partial r^2} + k_0^2 \left(1 + X \right) \right] P = 0 \qquad (2\text{-}7)$$

式中，深度算子 $X = k_0^{-2} \left(\rho \dfrac{\partial}{\partial z} \dfrac{1}{\rho} \dfrac{\partial P}{\partial z} + k^2 - k_0^2 \right)$；$k = \dfrac{\omega}{c(z)}$ 为波数；$k_0 = \dfrac{\omega}{c_0}$ 为参考波数，c_0 为参考声速。

对式（2-7）进行因式分解，分别得到发散波和会聚波的两列声波表示形式：

$$\left(\frac{\partial}{\partial r} + \mathrm{i}k_0 \sqrt{1+X} \right)\left(\frac{\partial}{\partial r} - \mathrm{i}k_0 \sqrt{1+X} \right) P + \left[\frac{\partial}{\partial r}, \mathrm{i}k_0 \sqrt{1+X} \right] P = 0 \qquad (2\text{-}8)$$

定义式（2-8）中最后一项为交换算子，即 $[A,B] = AB - BA$，当参数与距离无关时，算子 $[\ ,\ ]$ 为零，反之则不为零。

当海洋环境参数随水平距离变化缓慢时，可近似认为交换算子 $[\ ,\ ]$ 为 0，式（2-8）化简为

$$\left(\frac{\partial}{\partial r} - \mathrm{i}k_0 \sqrt{1+X} \right)\left(\frac{\partial}{\partial r} + \mathrm{i}k_0 \sqrt{1+X} \right) P = 0 \qquad (2\text{-}9)$$

式（2-9）两个括号中的两部分，第一部分表示向外传播的发散声波，第二部分表示向内传播的声波即反向散射波。抛物方程方法解声传播问题时，一般假设向外传播的能量占主要地位，而反向散射的声波能量较小可以忽略不计，故可以将式（2-9）写成一阶常微分方程的形式，即可得流体介质抛物方程：

$$\frac{\partial P}{\partial r} = \mathrm{i}k_0 \sqrt{1+X}\, P \qquad (2\text{-}10)$$

式（2-10）用常微分方程方法求解得

$$P\left(r + \Delta r \right) = \mathrm{e}^{\mathrm{i}k_0 \Delta r \sqrt{1+X}} P\left(r \right) \qquad (2\text{-}11)$$

对式（2-11）指数项中的根式 $\sqrt{1+X}$ 采用分裂-步进 Padé 级数进行有理近似处理[3]，式（2-11）化为

$$P(r+\Delta r) = \mathrm{e}^{\mathrm{i}k_0\Delta r} \prod_{j=1}^{n} \frac{1+\alpha_{j,n}X}{1+\beta_{j,n}X} P(r) \tag{2-12}$$

为使数值计算具有稳定性和收敛性，并达到精度的要求，式（2-12）中系数 $\alpha_{j,n}$、$\beta_{j,n}$ 的选择要有较高的合理性。采用有限元中的 Galerkin 离散方法对深度算子 X 进行离散化[4]。算子离散化后得到一个七对角矩阵，数值计算较为方便。

2.2　弹性抛物方程方法

近年来，弹性海底海洋环境中声传播问题，已成为海洋学和水声学的研究热点问题，弹性抛物方程的发展和研究也已经取得了可喜的成果。流体中仅存在纵波，但当声波辐射进入弹性介质海底时，会激发压缩波（纵波）和切变波（横波）两种形式的波，在满足特定条件时，还能激发复杂的界面波，如空气-弹性体界面波（Rayleigh 波）、流体-弹性体界面波（Scholte 波）和弹性体-弹性体界面波（Stoneley 波）。因此，弹性抛物方程应该能够同时描述纵波和横波两种形式波的传播特性，且在处理边界和界面条件时较为简便。目前发展较为成熟的弹性抛物方程格式基本都是以位移为变量推导得到的，本节中将给出主要的推导过程。

2.2.1　流体介质中抛物方程计算方法

弹性抛物方程是从弹性体运动方程出发推导而来的，而流体介质中的抛物方程可以看作切变常数 $\mu = 0$ 的近似。首先，假设在柱对称坐标系下，不考虑方位角的变化，则在谐和点源作用下，理想弹性体远场运动方程[5]为

$$-\rho\omega^2 u = \frac{\partial \sigma_{rr}}{\partial r} + \frac{\partial \sigma_{rz}}{\partial z} \tag{2-13}$$

$$-\rho\omega^2 w = \frac{\partial \sigma_{zr}}{\partial r} + \frac{\partial \sigma_{zz}}{\partial z} \tag{2-14}$$

式中，u、w 分别为水平和垂直方向的质点位移；ω 为角频率；ρ 为介质密度；σ_{rr}、σ_{zz} 分别为 r 方向、z 方向的法向应力；σ_{rz} 为作用在 r 平面指向 z 方向的切向应力；σ_{zr} 为作用在 z 平面指向 r 方向的切向应力。

又由广义胡克定律知应力和应变应满足如下关系：

$$\sigma_{rr} = \lambda \Delta + 2\mu \frac{\partial u}{\partial r} \tag{2-15}$$

$$\sigma_{rz} = \sigma_{zr} = \mu \frac{\partial u}{\partial z} + \mu \frac{\partial w}{\partial r} \tag{2-16}$$

$$\sigma_{zz} = \lambda \Delta + 2\mu \frac{\partial w}{\partial z} \tag{2-17}$$

式中，λ、μ 为拉梅常数，$\lambda = \rho(c_p^2 - 2c_s^2)$，$\mu = \rho c_s^2$，$c_p$、$c_s$ 分别为纵波、横波声速，ρ 为介质密度。

定义 Δ 为

$$\Delta = \frac{\partial u}{\partial r} + \frac{\partial w}{\partial z} \tag{2-18}$$

将式（2-15）～式（2-17）代入运动方程（2-13）和方程（2-14）中，可得

$$\rho\omega^2 u + (\lambda + 2\mu)\frac{\partial^2 u}{\partial r^2} + \mu \frac{\partial^2 u}{\partial z^2} + (\lambda + \mu)\frac{\partial^2 w}{\partial r\partial z} + \frac{\partial \mu}{\partial z}\frac{\partial u}{\partial z} + \frac{\partial \mu}{\partial z}\frac{\partial w}{\partial r} = 0 \tag{2-19}$$

$$\rho\omega^2 w + (\lambda + 2\mu)\frac{\partial^2 w}{\partial z^2} + \mu \frac{\partial^2 w}{\partial r^2} + (\lambda + \mu)\frac{\partial^2 u}{\partial r\partial z} + \frac{\partial \lambda}{\partial z}\frac{\partial u}{\partial r} + \left(\frac{\partial \lambda}{\partial z} + 2\frac{\partial \mu}{\partial z}\right)\frac{\partial w}{\partial z} = 0$$
$$\tag{2-20}$$

对式（2-19）和式（2-20）分别做 r 方向、z 方向的偏导后两者相加，再与式（2-20）联立可得方程组：

$$L\frac{\partial^2}{\partial r^2}\begin{pmatrix} \Delta \\ w \end{pmatrix} + M\begin{pmatrix} \Delta \\ w \end{pmatrix} = 0$$

即

$$\frac{\partial^2}{\partial r^2}\begin{pmatrix} \Delta \\ w \end{pmatrix} + L^{-1}M\begin{pmatrix} \Delta \\ w \end{pmatrix} = 0 \tag{2-21}$$

式中，L、M 为含有介质参数和深度变量的算子矩阵。

考虑水平变化缓慢的海洋环境，则仿照流体抛物方程格式，对方程（2-21）进行因式分解可得

$$\left(\frac{\partial}{\partial r} - ik_0\sqrt{1+X}\right)\left(\frac{\partial}{\partial r} + ik_0\sqrt{1+X}\right)\begin{pmatrix} \Delta \\ w \end{pmatrix} = 0 \tag{2-22}$$

同理，式（2-22）第一个括号中的一项和第二个括号中的一项分别代表发散波和会聚波。深度算子 $X = k_0^{-2}\left(L^{-1}M - k_0^2 I\right)$，忽略反向传播的会聚声波能量，可得一矢量方程：

$$\frac{\partial}{\partial r}\begin{pmatrix} \Delta \\ w \end{pmatrix} = ik_0\sqrt{1+X}\begin{pmatrix} \Delta \\ w \end{pmatrix} \tag{2-23}$$

方程（2-23）和流体介质中的标量方程（2-10）具有相同的结构，解之并对根式 $\sqrt{1+X}$ 进行分裂-步进 Padé 级数有理近似处理，可得流体介质中矢量抛物方程递推计算格式：

$$\begin{pmatrix} \Delta \\ w \end{pmatrix}_{r+\Delta r} = \mathrm{e}^{\mathrm{i}k_0\Delta r} \prod_{j=1}^{n} \frac{1+\alpha_{j,n}X}{1+\beta_{j,n}X} \begin{pmatrix} \Delta \\ w \end{pmatrix}_r \tag{2-24}$$

式中，系数 $\alpha_{j,n}$、$\beta_{j,n}$ 同式（2-12）。这里为计算流体介质中声传播问题，需把拉梅系数中的 μ 近似取为零。

2.2.2　弹性体介质中抛物方程计算方法

由于膨胀量 Δ 在弹性体-弹性体界面不连续，在采用 Galerkin 离散方法对边界条件进行深度方向离散化时产生了二阶偏导数，处理非常困难，为避开上述困难，在弹性体介质中采用 (u_r, w) 为变量，可重新推导弹性抛物方程计算格式，其中

$$u_r = \frac{\partial u}{\partial r} \tag{2-25}$$

u_r 为质点水平位移对 r 的偏导，w 为质点垂直位移。变量 (u_r, w) 在弹性体-弹性体边界满足四个连续条件，由变分原理得来的 Galerkin 离散方法的作用下，可将弹性体-弹性体边界条件当作自然边界条件处理[6]，避免了两阶导数的处理困难。

下面推导 (u_r, w) 格式下的弹性抛物方程，对等式（2-19）求 r 的偏导，并和等式（2-20）联立可得方程组：

$$\frac{\partial^2}{\partial r^2} \begin{pmatrix} u_r \\ w \end{pmatrix} + L^{-1}M \begin{pmatrix} u_r \\ w \end{pmatrix} = 0 \tag{2-26}$$

式中，L、M 的形式与 (Δ, w) 格式方程中略有变化。

同理，因式分解取发散波解，可得方程：

$$\frac{\partial}{\partial r} \begin{pmatrix} u_r \\ w \end{pmatrix} = \mathrm{i}k_0 \sqrt{1+X} \begin{pmatrix} u_r \\ w \end{pmatrix} \tag{2-27}$$

式中，深度算子 $X = k_0^{-2}\left(L^{-1}M - k_0^2 I\right)$。

解方程（2-27）并对根式 $\sqrt{1+X}$ 进行分裂-步进 Padé 级数有理近似处理可得

$$\begin{pmatrix} u_r \\ w \end{pmatrix}_{r+\Delta r} = \mathrm{e}^{\mathrm{i}k_0\Delta r} \prod_{j=1}^{n} \frac{1+\alpha_{j,n}X}{1+\beta_{j,n}X} \begin{pmatrix} u_r \\ w \end{pmatrix}_r \tag{2-28}$$

式中，系数 $\alpha_{j,n}$、$\beta_{j,n}$ 同式（2-12）。

2.3　海底边界的处理方法

2.3.1　水平海底边界的处理方法

1. 水平流体-弹性体边界的处理

当海底沉积层为弹性介质时，除了海面的声压释放条件外，还涉及流体-弹性体界面条件。这类界面条件包含三个，即满足法向位移连续和法向应力连续、切向应力为 0，其表达式为

$$w_a = w_b \tag{2-29}$$

$$\sigma_{zz_a} = \sigma_{zz_b} \tag{2-30}$$

$$\sigma_{rz_b} = 0 \tag{2-31}$$

式中，下角标 a、b 分别表示界面上下层弹性介质。

对于流体介质有 $\mu_a = 0$，则式（2-29）可等价转换为

$$\frac{\partial}{\partial z}(\lambda_a \varDelta_a) + \rho_a \omega^2 w_b = 0 \tag{2-32}$$

式（2-30）等价转换为

$$\lambda_a \varDelta_a = \lambda_b u_{rb} + (\lambda_b + 2\mu_b)\frac{\partial w_b}{\partial z} \tag{2-33}$$

第三个条件很难直接联系上变量 $\varDelta_a$、u_{rb} 和 w_b，但是界面上切向应力为 0，可以看作在界面所有距离上的切向应力为一常数，即

$$\frac{\partial}{\partial r}\sigma_{rz_b} = 0 \tag{2-34}$$

经过化简得到下面的条件：

$$\frac{\partial}{\partial z}(\lambda_b u_{rb}) + \frac{\partial}{\partial z}\left[(\lambda_b + 2\mu_b)\frac{\partial w_b}{\partial z}\right] + \rho_b \omega^2 w_b = 0 \tag{2-35}$$

式（2-33）～式（2-35）即为流体-弹性体的界面条件，与抛物方程形式相似，它们之间只有垂直方向上的关系，可以利用数值差分的方法进行数值计算。

2. 水平弹性体-弹性体边界条件

弹性体-弹性体边界满足水平位移、垂直位移、法向应力和切向应力四个连续条件：

$$u_{\mathrm{a}} = u_{\mathrm{b}} \tag{2-36}$$

$$w_{\mathrm{a}} = w_{\mathrm{b}} \tag{2-37}$$

$$\sigma_{zz_{\mathrm{a}}} = \sigma_{zz_{\mathrm{b}}} \tag{2-38}$$

$$\sigma_{rz_{\mathrm{a}}} = \sigma_{rz_{\mathrm{b}}} \tag{2-39}$$

纯弹性介质中弹性体-弹性体边界是弹性介质内部物理参数不连续造成的,为弹性介质内部边界,满足自然边界条件,变量 (u_r, w) 在界面处连续。采用基于有限元的 Galerkin 离散方法离散边界条件时,由虚功原理可知自然边界条件自动满足,不需要做任何处理,有效地避免了弹性体-弹性体边界条件中二次导数的处理困难,极大降低了计算的复杂性。

2.3.2　不规则弹性海底边界的处理方法

1. 能量守恒近似方法

能量守恒近似方法由 Collins 等[7-9]提出,最初是处理倾斜的流体海底界面,随后这种方法又被扩展到弹性海底边界。实现过程是首先把倾斜海底界面进行阶梯近似(图 2-1),则每个阶梯由两个边界组成,水平流体-弹性体边界和垂直的流体-弹性体边界。水平流体-弹性体边界可利用 2.3.1 节中的处理方法,垂直边界利用能量守恒近似。能量守恒近似是指入射波和透射波的能量相等:

$$\begin{pmatrix} u\sigma_{xx} \\ w\sigma_{xz} \end{pmatrix}_{\mathrm{t}} = \begin{pmatrix} u\sigma_{xx} \\ w\sigma_{xz} \end{pmatrix}_{\mathrm{i}} \tag{2-40}$$

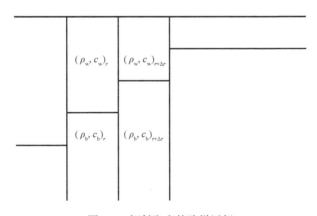

图 2-1　倾斜海底的阶梯近似

经过一系列的推导和近似简化，得到垂直流体-弹性体界面的修正公式：

$$(\rho c_p^3)_B^{1/2} \varDelta_t = (\rho c_p^3)_A^{1/2} \varDelta_i \tag{2-41}$$

上式是弹性抛物方程以 $(\varDelta, w)$、(u_r, w) 为变量时的情况，修正公式变为

$$(\rho c_p^3)_B^{1/2} (u_r)_t = (\rho c_p^3)_A^{1/2} (u_r)_i \tag{2-42}$$

式中，下角标 B 表示海底弹性介质；下角标 A 表示海水介质。

2. 坐标映射方法

坐标映射方法是通过映射关系将倾斜的弹性海底边界转化成水平海底，而此时海面为倾斜界面（图 2-2 和图 2-3）。水平分层的流体-弹性体界面的边界处理像前面所介绍的一样，不是很复杂，海面的边界条件一般被当作压力释放边界（压力为零），因此，即使是倾斜的海面，其边界处理也比较简单。所以，坐标映射方法简化了对不规则流体-弹性体边界条件的处理，在编程计算上更容易实现。

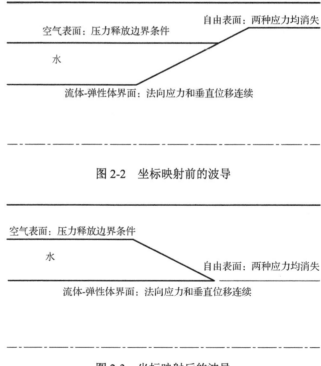

图 2-2 坐标映射前的波导

图 2-3 坐标映射后的波导

海底界面用函数 $z(r) = d(r)$ 表示，代表海水深度是距离 r 的函数，一般假定海水深度随距离是缓慢变化的，即海底倾角较小（$d'(r) \ll 1$）。映射前后各个变量

之间的关系可以用下式来表示：

$$\begin{pmatrix} \tilde{r} \\ \tilde{z} \end{pmatrix} = \begin{pmatrix} r \\ z - d(r) \end{pmatrix} \tag{2-43}$$

式中，$\tilde{r}$、$\tilde{z}$ 是映射之后的坐标系变量。

利用变量之间的代换关系，忽略由映射而产生的附加项，即忽略含有 $d'(r)$ 的项，得到

$$\frac{\partial}{\partial r} = \frac{\partial}{\partial \tilde{r}} - \frac{\partial}{\partial \tilde{z}} d'(r) \approx \frac{\partial}{\partial \tilde{r}}$$

$$\frac{\partial^2}{\partial r^2} = \frac{\partial^2}{\partial \tilde{r}^2} - 2\frac{\partial^2}{\partial \tilde{r} \partial \tilde{z}} d'(r) + \frac{\partial}{\partial \tilde{z}} d''(r) + \frac{\partial^2}{\partial \tilde{z}^2} \left[d'(r) \right]^2 \approx \frac{\partial^2}{\partial \tilde{r}^2}$$

$$\frac{\partial}{\partial z} = \frac{\partial}{\partial \tilde{z}}$$

$$\frac{\partial^2}{\partial z^2} = \frac{\partial^2}{\partial \tilde{z}^2}$$

将以上几式代入弹性波动方程，可以重新进行简化组合，可得到在新坐标系下弹性抛物方程近似形式：

$$\frac{\partial}{\partial \tilde{r}} \begin{pmatrix} u_{\tilde{r}} \\ w \end{pmatrix} = \mathrm{i}k_0 \sqrt{1+X} \begin{pmatrix} u_{\tilde{r}} \\ w \end{pmatrix} \tag{2-44}$$

式中，算子 X 与原坐标系下表达式相同。

从上面的理论推导可以看出，海底倾角是决定坐标映射的弹性抛物方程方法的主要因素，坐标映射方法是海底小倾角的近似，通过理论仿真得出，只要海底倾角小于 3°，坐标映射方法仍能得到很高的精度。

如前所述，式（2-44）利用分裂-步进 Padé 级数近似进行声场的求解。进行坐标映射后并没有准确地描述实际海洋波导，需要通过近似修正来达到对实际海洋波导的准确描述。对连接两个不同倾角的界面的数值计算网格点处应用近似：

$$\begin{pmatrix} u_{\tilde{r}} \\ w \end{pmatrix} \rightarrow \exp(-\mathrm{i}k_0 \tilde{z} \sin \delta) \begin{pmatrix} u_{\tilde{r}} \\ w \end{pmatrix} \tag{2-45}$$

式中，δ 是海底界面的倾角变化量。

可以看出，坐标映射方法修正的是影响声场的相位值，而能量守恒近似方法修正的是声场的幅度。

利用坐标映射方法可以实现岸上地震波声场的计算，图 2-2 和图 2-3 表明了如何利用坐标映射进行岸上声场的计算。这里存在三组边界——空气-流体边界、空气-弹性体边界和流体-弹性体边界，如果考虑弹性沉积层，则还存在弹性体-弹

性体边界。联合坐标映射方法和 (u_r, w) 为变量的弹性抛物方程，能很好地处理这几类边界条件。首先，在空气-流体边界，利用压力释放条件 $p = 0$；其次，在自由弹性边界，满足正应力和切向应力为零，即

$$\lambda_b u_{rb} + (\lambda_b + 2\mu_b)\frac{\partial w_b}{\partial z} = 0 \tag{2-46}$$

$$\frac{\partial}{\partial z}(\lambda_b u_{rb}) + \frac{\partial}{\partial z}\left[(\lambda_b + 2\mu_b)\frac{\partial w_b}{\partial z}\right] + \rho_b \omega^2 w_b = 0 \tag{2-47}$$

式中，下角标 b 代表弹性体。

海底界面存在流体-弹性体边界，满足法向应力连续、法向位移连续和切向应力为零［式（2-47）］：

$$\lambda_a \Delta_a = \lambda_b u_{rb} + (\lambda_b + 2\mu_b)\frac{\partial w_b}{\partial z} \tag{2-48}$$

$$\frac{\partial}{\partial z}(\lambda_b u_{rb}) + \frac{\partial}{\partial z}\left[(\lambda_b + 2\mu_b)\frac{\partial w_b}{\partial z}\right] + \rho_b \omega^2 w_b = 0 \tag{2-49}$$

式中，下角标 a 代表上层流体；下角标 b 代表下层弹性体。

若存在弹性沉积层，则弹性沉积层和弹性基岩层存在弹性体-弹性体界面，满足水平位移连续和垂直位移连续、切向应力和法向应力连续：

$$u_{ra} = u_{rb} \tag{2-50}$$

$$w_a = w_b \tag{2-51}$$

$$\frac{\partial}{\partial z}(\lambda_a u_{ra}) + \frac{\partial}{\partial z}\left[(\lambda_a + 2\mu_a)\frac{\partial w_a}{\partial z}\right] + \rho_a \omega^2 w_a$$
$$= \frac{\partial}{\partial z}(\lambda_b u_{rb}) + \frac{\partial}{\partial z}\left[(\lambda_b + 2\mu_b)\frac{\partial w_b}{\partial z}\right] + \rho_b \omega^2 w_b \tag{2-52}$$

$$\lambda_a u_{ra} + (\lambda_a + 2\mu_a)\frac{\partial w_a}{\partial z} = \lambda_b u_{rb} + (\lambda_b + 2\mu_b)\frac{\partial w_b}{\partial z} \tag{2-53}$$

式中，下角标 a 代表上层弹性体；下角标 b 代表下层弹性体。

上面的边界条件均转化成深度方向偏导表示，可以直接利用中心差分方法对这些边界条件进行离散，可以和弹性抛物方程一起进行整个声场的步进求解。

3. 单散射近似方法

单散射近似方法主要用于处理倾斜弹性体-弹性体边界条件，其思想为在阶梯近似的基础上，弹性体-弹性体水平边界采用 2.3.1 小节中的方法处理，弹性体-弹性体垂直界面处满足透射场声波能量等于入射场与反射场声波能量的和，即

$$q_{(i)} + q_{(r)} = q_{(t)} \tag{2-54}$$

式中，$q_{(i)}$、$q_{(r)}$ 和 $q_{(t)}$ 分别用于表示入射场、反射场和透射场的声波能量，且 $q_{(i)}$ 为已知量。

　　垂直界面处满足水平位移连续、垂直位移连续、法向应力连续和切向应力连续。已知 $q_{(i)}$，利用这四个连续条件求解 $q_{(r)}$ 和 $q_{(t)}$，而透射场 $q_{(t)}$［图 2-4（b）］又被作为下一水平步进区域的入射场继续步进计算，且仅考虑一次反射，忽略多次反射的叠加效果，因此称为单散射近似方法。

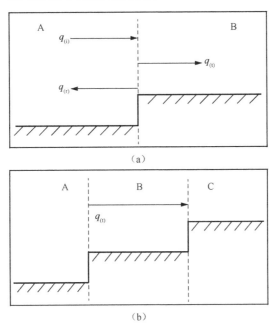

图 2-4　单散射近似示意图

　　假设 A、B 为两个与距离无关的弹性介质区域［图 2-4（a）］，则两个区域间的垂直界面处满足水平位移、垂直位移、法向应力和切向应力四个连续条件，即

$$u_{A} = u_{B} \tag{2-55}$$

$$w_{A} = w_{B} \tag{2-56}$$

$$\mu_{A}\frac{\partial \mu_{A}}{\partial z} + \mu_{A}\frac{\partial w_{A}}{\partial r} = \mu_{B}\frac{\partial \mu_{B}}{\partial z} + \mu_{B}\frac{\partial w_{B}}{\partial r} \tag{2-57}$$

$$\lambda_{A}\varDelta_{A} + 2\mu_{A}\frac{\partial u_{A}}{\partial r} = \lambda_{B}\varDelta_{B} + 2\mu_{B}\frac{\partial u_{B}}{\partial r} \tag{2-58}$$

　　由分层介质波动理论，在平面边界处，入射波与反射波之和等于透射波。采用下角标(i)、(r)和(t)分别代表入射、反射和透射，式（2-55）～式（2-58）可表示为

$$u_{(i)} + u_{(r)} = u_{(t)} \tag{2-59}$$

$$w_{(i)} + w_{(r)} = w_{(t)} \tag{2-60}$$

$$\mu_A \left(\frac{\partial u_{(i)}}{\partial z} + \frac{\partial u_{(r)}}{\partial z} + \frac{\partial w_{(i)}}{\partial r} + \frac{\partial w_{(r)}}{\partial r} \right) = \mu_B \left(\frac{\partial u_{(t)}}{\partial z} + \frac{\partial w_{(t)}}{\partial r} \right) \tag{2-61}$$

$$\lambda_A \left(\Delta_{(i)} + \Delta_{(t)} \right) + 2\mu_A \left(\frac{\partial u_{(i)}}{\partial r} + \frac{\partial u_{(t)}}{\partial r} \right) = \lambda_B \Delta_{(t)} + 2\mu_B \frac{\partial u_{(t)}}{\partial r} \tag{2-62}$$

又因为 $\Delta = \dfrac{\partial u}{\partial r} + \dfrac{\partial w}{\partial z}$，则联立式（2-60）、式（2-62）可得

$$R_A \left[\begin{pmatrix} u_r \\ w \end{pmatrix}_{(i)} + \begin{pmatrix} u_r \\ w \end{pmatrix}_{(r)} \right] = R_B \begin{pmatrix} u_r \\ w \end{pmatrix}_{(t)} \tag{2-63}$$

式中，

$$R_A = R_B = \begin{pmatrix} \lambda + 2\mu & \lambda \dfrac{\partial}{\partial z} \\ 0 & 1 \end{pmatrix} \tag{2-64}$$

整理方程（2-20）可得

$$\frac{\partial}{\partial r} \left(-\mu \frac{\partial w}{\partial r} - \mu \frac{\partial u}{\partial z} \right) = \rho \omega^2 w + \left[\frac{\partial}{\partial z} (\lambda + 2\mu) \frac{\partial}{\partial z} \right] w + \left(\frac{\partial \lambda}{\partial z} + \lambda \frac{\partial}{\partial z} \right) \frac{\partial u}{\partial r} \tag{2-65}$$

上式两端分别减去 $\lambda_0 \dfrac{\partial u_r}{\partial z}$：

$$\frac{\partial}{\partial r} \left(-\mu \frac{\partial w}{\partial r} - \mu \frac{\partial u}{\partial z} \right) - \lambda_0 \frac{\partial u_r}{\partial z} = \rho \omega^2 w + \left[\frac{\partial}{\partial z} (\lambda + 2\mu) \frac{\partial}{\partial z} \right] w + \left(\frac{\partial \lambda}{\partial z} + \lambda \frac{\partial}{\partial z} \right) \frac{\partial u}{\partial r} - \lambda_0 \frac{\partial u_r}{\partial z}$$

$$\tag{2-66}$$

即

$$\frac{\partial}{\partial r} \left(-\mu \frac{\partial w}{\partial r} - \mu \frac{\partial u}{\partial z} - \lambda_0 \frac{\partial u}{\partial z} \right) = \rho \omega^2 w + \left[\frac{\partial}{\partial z} (\lambda + 2\mu) \frac{\partial}{\partial z} \right] w + \left[(\lambda - \lambda_0) \frac{\partial}{\partial z} + \frac{\partial \lambda}{\partial z} \right] u_r$$

$$\tag{2-67}$$

写成矩阵形式为

$$\frac{\partial}{\partial r} \begin{pmatrix} u \\ -\mu \dfrac{\partial w}{\partial r} - \mu \dfrac{\partial u}{\partial z} - \lambda_0 \dfrac{\partial u}{\partial z} \end{pmatrix} = S \begin{pmatrix} u_r \\ w \end{pmatrix} \tag{2-68}$$

式中，

$$S = \begin{pmatrix} 1 & 0 \\ (\lambda - \lambda_0)\dfrac{\partial}{\partial z} + \dfrac{\partial \lambda}{\partial z} & \rho\omega^2 + \dfrac{\partial}{\partial z}(\lambda + 2\mu)\dfrac{\partial}{\partial z} \end{pmatrix} \quad (2\text{-}69)$$

$\lambda_0 = 0$ 时，满足流体边界条件。在弹性介质波导中计算边界条件时，为了使矩阵 S 可逆，λ_0 取相应非零常数值。

对式（2-59）取 z 方向的偏导数，且等号两端分别乘以常数 λ_0 可得

$$\lambda_0\left(\frac{\partial u_{(i)}}{\partial z} + \frac{\partial u_{(r)}}{\partial z}\right) = \lambda_0 \frac{\partial u_{(t)}}{\partial z} \quad (2\text{-}70)$$

与式（2-61）等号两端分别相加得

$$\mu_A\left(\frac{\partial u_{(i)}}{\partial z} + \frac{\partial u_{(r)}}{\partial z} + \frac{\partial w_{(i)}}{\partial r} + \frac{\partial w_{(r)}}{\partial r}\right) + \lambda_0\left(\frac{\partial u_{(i)}}{\partial z} + \frac{\partial u_{(r)}}{\partial z}\right) = \mu_B\left(\frac{\partial u_{(t)}}{\partial z} + \frac{\partial w_{(t)}}{\partial r}\right) + \lambda_0 \frac{\partial u_{(t)}}{\partial z}$$

$$(2\text{-}71)$$

整理得

$$\mu_A\left(\frac{\partial u_{(i)}}{\partial z} + \frac{\partial w_{(i)}}{\partial r}\right) + \lambda_0 \frac{\partial u_{(i)}}{\partial z} + \mu_A\left(\frac{\partial u_{(r)}}{\partial z} + \frac{\partial w_{(r)}}{\partial r}\right) + \lambda_0 \frac{\partial u_{(r)}}{\partial z}$$

$$= \mu_B\left(\frac{\partial u_{(t)}}{\partial z} + \frac{\partial w_{(t)}}{\partial r}\right) + \lambda_0 \frac{\partial u_{(t)}}{\partial z} \quad (2\text{-}72)$$

对方程（2-72）两端分别取 r 的偏导数可得

$$\frac{\partial}{\partial r}\left(\mu_A \frac{\partial u_{(i)}}{\partial z} + \mu_A \frac{\partial w_{(i)}}{\partial r} + \lambda_0 \frac{\partial u_{(i)}}{\partial z}\right) + \frac{\partial}{\partial r}\left(\mu_A \frac{\partial u_{(r)}}{\partial z} + \mu_A \frac{\partial w_{(r)}}{\partial r} + \lambda_0 \frac{\partial u_{(r)}}{\partial z}\right)$$

$$= \frac{\partial}{\partial r}\left(\mu_B \frac{\partial u_{(t)}}{\partial z} + \mu_B \frac{\partial w_{(t)}}{\partial r} + \lambda_0 \frac{\partial u_{(t)}}{\partial z}\right) \quad (2\text{-}73)$$

将式（2-59）和式（2-73）组成的方程组代入式（2-68）可得

$$S_A\left[\begin{pmatrix} u_r \\ w \end{pmatrix}_{(i)} + \begin{pmatrix} u_r \\ w \end{pmatrix}_{(r)}\right] = S_B \begin{pmatrix} u_r \\ w \end{pmatrix}_{(t)} \quad (2\text{-}74)$$

由式（2-26）可得

$$\frac{\partial}{\partial r}\begin{pmatrix} u_r \\ w \end{pmatrix} = \pm i\left(L^{-1}M\right)^{1/2}\begin{pmatrix} u_r \\ w \end{pmatrix} \quad (2\text{-}75)$$

将式（2-75）代入式（2-74）（其中负号根表示反射波的能量）则可得

$$\frac{\partial}{\partial r}\left[S_{\mathrm{A}}\left(L_{\mathrm{A}}^{-1}M_{\mathrm{A}}\right)^{-1/2}\left(\binom{u_r}{w}_{(\mathrm{i})}-\binom{u_r}{w}_{(\mathrm{r})}\right)\right]=\frac{\partial}{\partial r}\left[S_{\mathrm{B}}\left(L_{\mathrm{B}}^{-1}M_{\mathrm{B}}\right)^{-1/2}\binom{u_r}{w}_{(\mathrm{t})}\right] \quad (2\text{-}76)$$

方程（2-76）两端同时进行从 0 到 r 积分，并考虑当 $r=0$ 时，A 与 B 表示同一区域，即不存在反射场，可得

$$S_{\mathrm{A}}\left(L_{\mathrm{A}}^{-1}M_{\mathrm{A}}\right)^{-1/2}\left(\binom{u_r}{w}_{(\mathrm{i})}-\binom{u_r}{w}_{(\mathrm{r})}\right)=S_{\mathrm{B}}\left(L_{\mathrm{B}}^{-1}M_{\mathrm{B}}\right)^{-1/2}\binom{u_r}{w}_{(\mathrm{t})} \quad (2\text{-}77)$$

将式（2-63）代入式（2-77）整理得

$$\left[S_{\mathrm{A}}\left(L_{\mathrm{A}}^{-1}M_{\mathrm{A}}\right)^{-1/2}+S_{\mathrm{B}}\left(L_{\mathrm{B}}^{-1}M_{\mathrm{B}}\right)^{-1/2}R_{\mathrm{B}}^{-1}R_{\mathrm{A}}\right]\binom{u_r}{w}_{(\mathrm{r})}$$

$$=\left[S_{\mathrm{A}}\left(L_{\mathrm{A}}^{-1}M_{\mathrm{A}}\right)^{-1/2}-S_{\mathrm{B}}\left(L_{\mathrm{B}}^{-1}M_{\mathrm{B}}\right)^{-1/2}R_{\mathrm{B}}^{-1}R_{\mathrm{A}}\right]\binom{u_r}{w}_{(\mathrm{i})} \quad (2\text{-}78)$$

解方程（2-78）可得反射场，代入式（2-63）即可求得透射场，即下一步进区域的初始场。方程（2-78）中 $\left(L^{-1}M\right)^{-1/2}$ 中的 L、M 与深度算子 X 中相同。

由于方程（2-78）中括号内为非带状矩阵，不利于数值求解时进行快速迭代运算，求解效率较低，这里采用如下方法进行迭代求解：

$$\binom{u_r}{w}_{(\mathrm{r})}=\frac{\tau-2}{\tau}\binom{u_r}{w}_{(\mathrm{r})}+\frac{1}{\tau}\varLambda\left(\binom{u_r}{w}_{(\mathrm{i})}+\binom{u_r}{w}_{(\mathrm{r})}\right) \quad (2\text{-}79)$$

式中，

$$\varLambda=I-\left(L_{\mathrm{A}}^{-1}M_{\mathrm{A}}\right)^{1/2}S_{\mathrm{A}}^{-1}S_{\mathrm{B}}\left(L_{\mathrm{B}}^{-1}M_{\mathrm{B}}\right)^{-1/2}R_{\mathrm{B}}^{-1}R_{\mathrm{A}}$$

且收敛因子 $\tau\geqslant 2$。

单散射近似方法在处理界面两侧介质参数变化较大的问题时出现较大误差，不再满足计算精度要求。因此在垂直界面处引入虚拟平滑平均层，垂直界面被一组虚拟薄垂直层系替代，好像将垂直界面切开分成好多小薄片，因此命名为切片法。在每一小薄层的界面处（图 2-5）应用单散射近似方法。当切片数 $n=1$ 时，即为单散射近似。

当采用切片法时，每一虚拟垂直切片层的介质参数随着小薄层的层系数的增加而变化，逐渐由介质 A 中的参数变化到介质 B 中的参数。例如参数 α，其中 α_a 表示介质 A 中参数，α_b 表示介质 B 中参数，则虚拟介质层 AB 中第 j 片参数为

$$\alpha_j = (n-j)\frac{\alpha_a}{n} + j\frac{\alpha_b}{n} \tag{2-80}$$

式中，n 表示切片总数；j 表示所要求的薄片数量。n、j 均为正整数，$1 \leqslant j \leqslant n$。

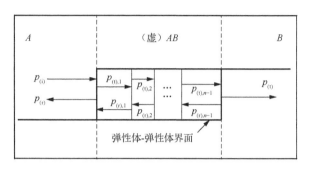

图 2-5　切片法示意图

2.4　声源位于流体介质中的自初始场

本节介绍声源位于流体中的抛物方程自初始场的推导过程。在二维柱对称坐标系下，从二维亥姆霍兹方程出发，远场点声源相当于等式右端添加一个形式为冲击函数的强迫项，即

$$\frac{\partial^2 P}{\partial r^2} + \frac{1}{r}\frac{\partial P}{\partial r} + \rho\frac{\partial}{\partial z}\frac{1}{\rho}\frac{\partial P}{\partial z} + k^2 P = -\frac{2}{r}\delta(r)\delta(z-z_{\mathrm{s}}) \tag{2-81}$$

利用分离变量方法写成简正波解的形式可得

$$P(r,z) = \mathrm{i}\pi\sum_n \varphi_n(z)\varphi_n(z_{\mathrm{s}})\mathrm{H}_0^{(1)}(k_n r) \tag{2-82}$$

式中，φ_n 为简正波本征函数；z_{s} 为声源深度；k_n 为本征值；$\mathrm{H}_0^{(1)}$ 为第一类零阶汉克尔函数。

将式（2-82）中汉克尔函数展开为远场渐近表达式得

$$P(r,z) = \sum_n \sqrt{\frac{2\pi\mathrm{i}}{k_n r}}\varphi_n(z)\varphi_n(z_{\mathrm{s}})\mathrm{e}^{\mathrm{i}k_n r} \tag{2-83}$$

已知简正波本征值 k_n、本征函数 φ_n 满足

$$\frac{\mathrm{d}^2\varphi_n(z)}{\mathrm{d}z^2} + k^2\varphi_n(z) = k_n^2\varphi_n(z) \tag{2-84}$$

式中，波数 $k = \dfrac{\omega}{c(z)}$。又由前述深度算子 $X = k_0^{-2}\left(\rho\dfrac{\partial}{\partial z}\dfrac{1}{\rho}\dfrac{\partial}{\partial z} + k^2 - k_0^2\right)$，则可得

$$k_n^2 \varphi_n = k_0^2 (1+X) \varphi_n \qquad (2\text{-}85)$$

将冲击函数展开为相互正交的简正波解集：

$$\delta(z-z_s) = \sum_n \varphi_n(z_s) \varphi_n(z) \qquad (2\text{-}86)$$

把式（2-85）、式（2-86）代入式（2-83）得

$$P(r,z) = \sqrt{\frac{2\pi i}{k_0 r}} (1+X)^{-1/4} e^{ik_0 r \sqrt{1+X}} \delta(z-z_s) \qquad (2\text{-}87)$$

式（2-87）中冲击函数的奇异性可能造成数值计算的不稳定，为了消除这一影响引入算子 $(1+\mu X)^2$，合理选择 μ 值，使得算子 $(1+\mu X)$ 为可逆算子，则代入式（2-87）可得

$$P(r_0,z) = \sqrt{\frac{2\pi i}{k_0 r_0}} (1+X)^{-1/4} (1+\mu X)^2 e^{ik_0 r_0 \sqrt{1+X}} \xi(z) \qquad (2\text{-}88)$$

式中，$\xi(z) = (1+\mu X)^{-2} \delta(z-z_s)$。

如上所述，仍然采用分裂-步进 Padé 级数对式（2-88）指数项中 $\sqrt{1+X}$ 进行有理近似展开，可得声源位于流体介质中弹性抛物方程自初始场的数值计算表达式：

$$P(r_0,z) = \sqrt{\frac{2\pi i}{k_0 r_0}} e^{ik_0 r_0} \prod_{j=1}^{n} \frac{1+\alpha_{j,n} X}{1+\beta_{j,n} X} \xi(z) \qquad (2\text{-}89)$$

式中，$\alpha_{j,n}$、$\beta_{j,n}$ 为 Padé 近似系数，但和前述正常步进计算格式不同。数值计算时同样采用 Galerkin 离散方法对深度算子 X 进行离散化，式（2-89）不但给出了初始距离上的自初始场值，而且该式还可以和其他距离上正常步进的计算格式一样处理界面条件。

2.5　基于弹性抛物方程方法的声矢量场求解

现代声学中质点位移和质点振速都是非常重要的声学物理量，其在矢量声学技术中有着广泛应用。传统流体介质中声矢量场（质点振速场）是基于欧拉公式和差分方式实现的，先计算出声压场，再进行差分运算，得到振速场的解。计算结果的精度与差分步长的选取大小有密切的关系，为了获取高的计算精度，需要选取较小的差分步长，但这样一来又会造成计算时间的增加。本节基于弹性抛物形式利用反转算子方法，将传统的声矢量场的差分计算方法转变为积分方法实现，可以不受声压差分步长小的限制，在保证精度的同时，提高了声矢量场的预报速

度。该方法对于流体介质中的声矢量场计算也同样适用。

上述以 (Δ,w) 和 (u_r,w) 为变量的两种弹性抛物方程格式中，都可以直接得到垂直位移 w，而水平位移 u 的求解也可以利用反转算子方法方便得到。而且采用上述 Galerkin 离散方法离散化得到的算子 L、M 同样可以用于位移场的求解，算子 $\sqrt{1+X}$ 仍采用分裂-步进 Padé 级数进行有理近似处理，方便了数值计算。下面给出两种介质环境中质点水平位移求解的推导过程。

位移场的计算首先要计算出振速分量，对于谐和声源，位移和振速的关系是 $V=-\mathrm{i}\omega S$。因此求得了位移场，经过简单的变换就可以得到质点振速场。考虑声场变量选取的是 (Δ,w)，弹性抛物方程直接就得到了位移的垂直分量，因此计算声矢量场还要计算水平位移分量。这可以通过以下两个步骤求解水平位移分量。

第一步：运用积分和反转算子方法得到 $\int\Delta\mathrm{d}r$。

式（2-23）两端同时对 r 求积分得到

$$\begin{pmatrix}\Delta\\w\end{pmatrix}=\mathrm{i}k_0\sqrt{1+X}\begin{pmatrix}\int\Delta\mathrm{d}r\\\int w\mathrm{d}r\end{pmatrix}\tag{2-90}$$

进行算子反转，得到

$$\begin{pmatrix}\int\Delta\mathrm{d}r\\\int w\mathrm{d}r\end{pmatrix}=\frac{-\mathrm{i}}{k_0}(1+X)^{-1/2}\begin{pmatrix}\Delta\\w\end{pmatrix}\tag{2-91}$$

第二步：由 Δ、u 和 w 之间的关系式 $\Delta=\dfrac{\partial u}{\partial r}+\dfrac{\partial w}{\partial z}$，得到水平位移分量。

关系式 $\Delta=\dfrac{\partial u}{\partial r}+\dfrac{\partial w}{\partial z}$ 两端同时对 r 求积分得到

$$\int\Delta\mathrm{d}r=u+\frac{\partial}{\partial z}\Big(\int w\mathrm{d}r\Big)\tag{2-92}$$

最终得到水平位移分量为

$$u=\int\Delta\mathrm{d}r-\frac{\partial}{\partial z}\Big(\int w\mathrm{d}r\Big)\tag{2-93}$$

水平位移的整个求解过程避免了水平方向的差分计算，有利于声矢量场的快速计算。

若声场变量选取的是 (u_r,w)，计算声矢量场还要计算水平位移分量 u。将式（2-27）等号两端对 r 求积分，得到

$$\begin{pmatrix}u_r\\w\end{pmatrix}=\mathrm{i}k_0\sqrt{1+X}\begin{pmatrix}u\\\int w\mathrm{d}r\end{pmatrix}\tag{2-94}$$

经过变换得到

$$\begin{pmatrix} u \\ \int w\mathrm{d}r \end{pmatrix} = \frac{-\mathrm{i}}{k_0}\left(1+X\right)^{-1/2}\begin{pmatrix} u_r \\ w \end{pmatrix}$$ （2-95）

　　本章计算位移场的方法与现有的利用欧拉公式的数值差分方法计算位移场的方法不同，不需要先计算出声压场，因此可以选用较大的水平步长，可以提高位移场准确预报的速度。声压场的计算有很多方法，本章声压场的计算是利用能处理弹性海底的距离有关的浅海声学模型（range-dependent acoustic model for the shallow water，RAMS），然后由数值差分方法最终得到质点位移场。

参 考 文 献

[1] 杨士莪. 水声传播原理[M]. 哈尔滨: 哈尔滨工程大学出版社, 1994.

[2] 张海刚. 具有弹性海底的海洋环境中声场计算研究[D]. 哈尔滨: 哈尔滨工程大学, 2006.

[3] 魏文专. 基于 Pade 高阶近似的抛物方程方法的实现与应用研究[D]. 哈尔滨: 哈尔滨工程大学, 2009.

[4] Collins M D. A higher-order parabolic equation for wave propagation in an ocean overlying an elastic bottom[J]. The Journal of the Acoustical Society of America, 1989, 86(4): 1459-1464.

[5] 何祚镛, 赵玉芳. 声学理论基础[M]. 北京: 国防工业出版社, 1981.

[6] Papadakis J S, Flouri E T. A Neumann to Dirichlet map for the bottom boundary of a stratified sub-bottom region in parabolic approximation[J]. Journal of Computational Acoustics, 2008, 16(3): 409-425.

[7] Collins M D, Westwood E K. A higher-order energy-conserving parabolic equation for range-dependent ocean depth, sound speed, and density[J]. The Journal of the Acoustical Society of America, 1991, 89(3):1058-1067.

[8] Collins M D. An energy-conserving parabolic equation for elastic media[J]. The Journal of the Acoustical Society of America, 1993, 94(2):975-982.

[9] Siegmann W L, Collins M D. A complete energy conserving correction for the elastic parabolic equation[J]. The Journal of the Acoustical Society of America, 1999, 105(2):687-692.

第 3 章 弹性 Pekeris 波导中的抛物方程方法

本章针对只有一层海底情况下，以弹性抛物方程模型为基础，利用坐标映射方法处理流体-弹性海底边界，并把反转算子方法应用到不规则弹性海底矢量场（位移场）的求解之中。本章研究具有不规则弹性海底的海洋环境中甚低频位移场和海底地震波场的分布规律，并把坐标映射方法扩展到岸上地震波场的计算，分析声源频率、海水深度等参数对岸上地震波场的影响。

3.1 倾斜海底环境中声波能量泄漏现象

3.1.1 模型的检验

本节利用 ASA 标准弹性海底模型和其他声场计算方法（有限元抛物方程、耦合的 OASES 方法和虚源方法），通过对比声压传播损失的结果来检验弹性抛物方程方法的有效性。

ASA 标准楔形弹性海底模型与计算参数见图 3-1，接收深度为 30m。弹性抛物方法计算结果见图 3-2。图 3-3 为有限元抛物方程、耦合的 OASES 方法计算声压传播损失曲线，其中实线是有限元抛物方程计算结果，虚线是 CORE（耦合的OASES 方法）计算结果。通过比较，两种计算方法得出的结果基本吻合。

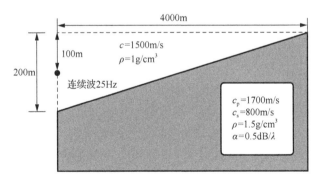

图 3-1 ASA 标准楔形弹性海底模型

dB/λ 表示每波长的级差衰减分贝数

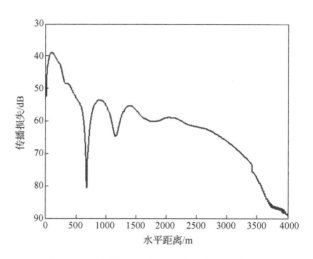

图 3-2　弹性抛物方法计算声压传播损失曲线

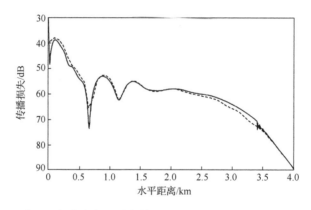

图 3-3　有限元抛物方程及耦合的 OASES 方法计算声压传播损失曲线

改变弹性海底模型的参数如图 3-4 所示，声源处海水深度 100m，水深均匀变化，在距声源水平距离 10km 处，海水深度变为 0m。海水中声速为均匀声速 1500m/s，密度为 1000kg/m³；海底为各向同性弹性固体，密度为 1800kg/m³，纵波声速和横波声速分别为 3600m/s 和 1600m/s，纵波声吸收系数和横波声吸收系数分别为 0.01dB/λ 和 0.02dB/λ。图 3-5 给出了声传播损失对比图，可见两种方法计算结果相吻合，表明了本章方法的有效性。

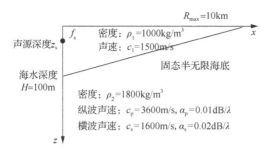

图 3-4　具有不规则弹性海底的海洋环境参数示意图

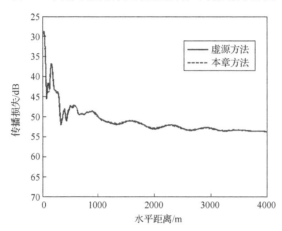

图 3-5　声传播损失对比（彩图扫封底二维码）

3.1.2　声源深度对声波能量泄漏的影响

声源频率 50Hz，改变声源深度，研究其对甚低频声场的影响，声源深度分别为 30m、50m、70m 和 90m。图 3-6～图 3-8 分别为声源深度不同时的纵波能量、水平位移和垂直位移分布伪彩图。

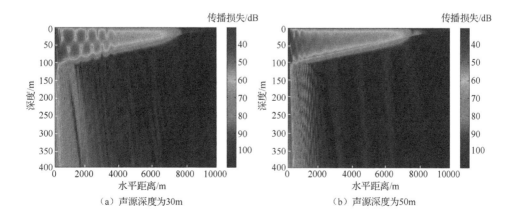

（a）声源深度为 30m　　　　　　　　　　　（b）声源深度为 50m

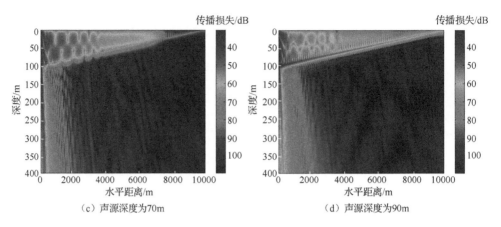

图 3-6　声源深度不同时纵波能量传播损失分布伪彩图（彩图扫封底二维码）

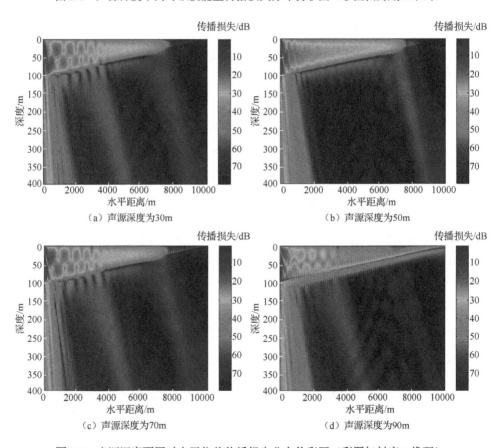

图 3-7　声源深度不同时水平位移传播损失分布伪彩图（彩图扫封底二维码）

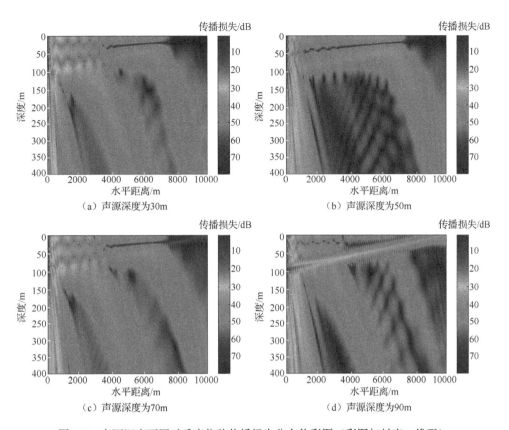

图 3-8　声源深度不同时垂直位移传播损失分布伪彩图（彩图扫封底二维码）

由仿真计算结果可以得到：

（1）当海底为弹性时，流体-弹性体界面有界面波的存在。随着声源深度的增加，倾斜的流体-弹性体界面处纵波能量、水平位移和垂直位移的幅值都增大。

（2）海水中水平位移幅值比垂直位移幅值高出 10dB 左右，表明海水中能量以水平传播为主；而弹性海底中水平位移幅值比垂直位移幅值低 5~6dB，表明弹性海底并不是以纵波能量为主，还存在着横波能量。

（3）从水平位移和垂直位移幅值图中可以看出，随着海水深度的减小存在着明显的能量从水中向弹性海底泄漏现象。这表明随着海水深度的减小，某一阶简正波发生截止，该阶简正波的能量绝大部分泄漏到了弹性海底中，转化成纵波能量和横波能量；而在纵波能量分布图中观察不到明显的能量泄漏现象，弹性海底的位移场由纵波位移场和横波位移场组合而成；声源深度不同时，激发的各阶本地简正波幅值不同，当声源深度为 50m 时，2 阶简正波没有被激发，因此没有 2 阶简正波声波能量泄漏的现象；海水中声波能量向海底泄漏过程往往要经历一段距离，而不是在某个距离处突然泄漏，反映了声场的连续性。

3.1.3 声源频率对声波能量泄漏的影响

声源频率也是影响其低频声场分布的一个重要参数，图 3-9～图 3-11 分别给出了声源深度 90m，声源频率分别为 20Hz、40Hz、60Hz 和 80Hz 时的纵波能量、水平位移和垂直位移传播损失分布伪彩图，反映了声源频率对位移场分布的影响。

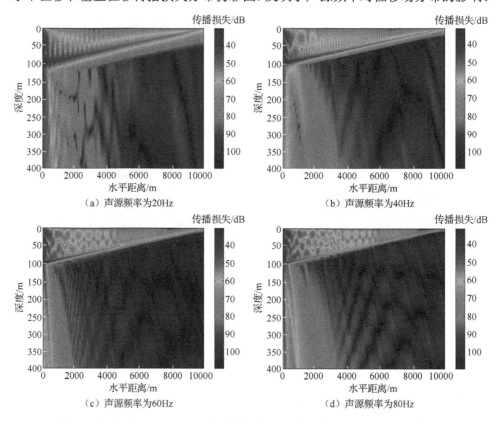

图 3-9　声源频率不同时纵波能量传播损失分布伪彩图（彩图扫封底二维码）

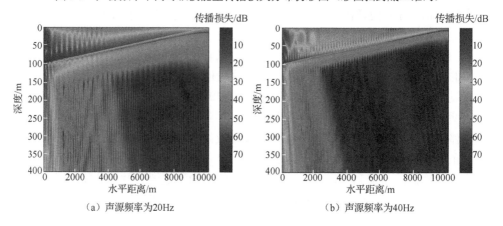

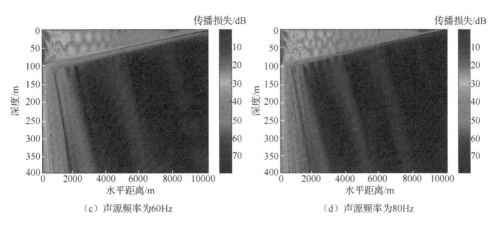

图 3-10　声源频率不同时水平位移传播损失分布伪彩图（彩图扫封底二维码）

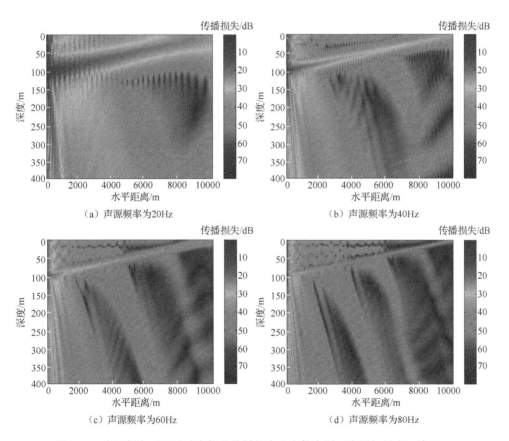

图 3-11　声源频率不同时垂直位移传播损失分布伪彩图（彩图扫封底二维码）

由仿真结果可以看出，当声源深度为 90m 时，弹性海底都存在着较强的界面波，并且流体-弹性体界面处的纵波能量、水平位移和垂直位移的幅值随着声源频率的增加而减小，表明频率越低激发的界面波越强；由图 3-10 水平位移幅值分布表明，在弹性海底接近界面处水平位移"凹点"出现（即出现水平位移的极小值点），凹点随着频率的增加越接近流体-弹性海底界面，而弹性海底垂直位移在界面处最大，且界面处位移的幅值随着声源频率的增加而减小。

在声源深度为 90m 时，水中声波能量都存在着向海底泄漏的现象。由于频率越低，激发的波导简正波个数越少，因而发生简正波截止的阶数越少。下面将对发生能量泄漏的位置进行物理解释和定量分析。

3.1.4　声波能量向海底泄漏位置的解释

由图 3-7、图 3-8 可以看出，声源深度不同，发生能量泄漏的位置是一样的，只是在声源深度为 50m 时，2 阶简正波的幅值为零，没有激发出来，所以没有发生该阶简正波能量截止的现象；由图 3-10 和图 3-11 可以看出，当声源频率不同时，发生简正波截止的位置将不再一样，表明发生波导简正波截止的位置不但与海水的深度有关，同时也与声源频率有关，为找出这种关系，需要利用本地简正波理论进行解释。

根据特征方程中的项 $\tanh\left[\omega/c\sqrt{1-\left(c^2/c_1^2\right)}H\right]$ 判定，具有弹性海底的波导中的特征方程根 c 具有频散特性，并且与海水的深度 H 也有关系。因为 $\omega/c=2\pi/\lambda$（λ 为波长），所以 $\omega H/c=2\pi H/\lambda$，即特征方程的根与 H/λ 有关。图 3-12 给出了水平弹性海底各阶简正波相速度和 H/λ 的关系曲线。由图表明，在海底为弹性介质条件下，0 阶振动在海水深度很小或声源频率很低时也存在，且几乎没有截止频率和截止深度，它就是 Scholte 波，而其他阶的简正波都存在着截止深度和截止频率。表 3-1 给出了各阶简正波截止时 H/λ 值以及在不同声源频率时各阶简正波的截止深度 H_{cut}。

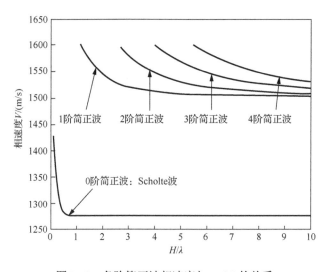

图 3-12　各阶简正波相速度与 H/λ 的关系

表 3-1　各阶简正波截止时 H/λ 值及各声源频率下的截止深度 H_{cut}　　　单位：m

简正波阶数	$(H/\lambda)_{cut}$	H_{cut}				
		$f=20Hz$	$f=40Hz$	$f=50Hz$	$f=60Hz$	$f=80Hz$
0 阶	0	0	0	0	0	0
1 阶	1.1	82.5	41.25	33.0	27.5	20.6
2 阶	2.6	>100	97.5	78.0	65.0	48.75
3 阶	4.0	>100	>100	>100	>100	75
4 阶	5.5	>100	>100	>100	>100	>100

当声源频率为 50Hz、H 为 100m 时，$H/\lambda=3.33$。由表 3-1 可知，声源能激发出 0 阶简正波、1 阶简正波和 2 阶简正波，随着 H 的减小，2 阶简正波先截止，截止深度为 78.0m，此时的传播距离为 2200m；海水深度接着减小，1 阶简正波也出现截止，截止深度为 33.0m，此时的传播距离为 6700m，发生简正波截止的位置和仿真结果与图 3-7 和图 3-8 相对应；对于其他频率也可以进行如上分析，声源频率为 20Hz、40Hz、60Hz 和 80Hz 时（水深 100m）激发的简正波的阶数分别为 2 阶、3 阶、3 阶和 4 阶，因为 0 阶简正波没有截止深度，所以随着海水深度的减小，发生简正波截止的阶数分别是 1 阶、2 阶、2 阶和 3 阶，仿真结果得到的简正波截止的位置和理论分析相对应。另外，简正波截止现象不是简正波在某个距离突然消失，而是持续了一段距离，表明海洋环境中声波传播的连续特性。

甚低频声波在具有楔形弹性海底的海洋环境中传播会发生本地简正波能量泄漏的现象，能量泄漏的位置由海水深度波长比 H/λ 确定，它不但与海水深度有关，还与声源频率有关。

3.2　岸上地震波传播规律

水中甚低频声波会激发海底界面波和次界面波，这些界面波能传播到岸上以 Rayleigh 波的形式传播，因此，在岸上布放接收设备就能接收到这些表面波，进而可以对海洋中的活动进行探测。本节主要研究岸上地震波的分布规律，以及环境参数和声源参数对岸上地震波的影响。

3.2.1　声源深度对岸上地震波分布的影响

首先考虑的是声源深度对岸上地震波分布的影响，建立如图 3-13 所示的具有不规则弹性海底的海洋环境模型，声源位于 $(0, z_s)$ 处，海底在距声源水平距离 5km 内海底深度恒定为 H，水平距离 5~10km 时，海水深度由 H 均匀变化到 0m，然后水平距离 10～15km 时，岸的高度由 0m 均匀变化到 50m。海水中的声速和密度为均匀分布，海底为半无限的各向同性弹性介质，具体参数可参见图 3-13，声源频率为f_s。

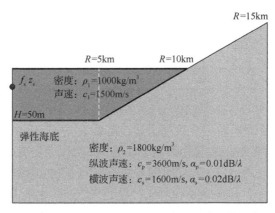

图 3-13　具有不规则弹性海底的海洋环境参数示意图

图 3-14～图 3-16 分别给出了声源频率为 50Hz、声源深度为 10m（接近海面）和 40m（接近海底）时的纵波能量分布、水平位移传播损失和垂直位移传播损失。图 3-17 给出不同声源深度激发的弹性海底界面处位移传播损失曲线。由计算结果可以得到，岸上纵波能量随着声源深度的增加而增加，在水中楔形弹性海底部分存在一处能量泄漏位置，表明在 50m 的海水中，50Hz 的声源激发了 1 阶简正波和 1 阶界面波，在弹性海底中存在 1 阶次界面波和 Scholte 波；随着声源深度增加，岸上的位移幅值也在增大，岸上垂直位移幅值高于水平位移幅值 6dB 左右。

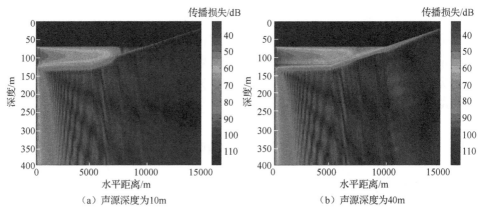

（a）声源深度为 10m　　　　　　　　（b）声源深度为 40m

图 3-14　声源深度不同时纵波能量分布伪彩图（彩图扫封底二维码）

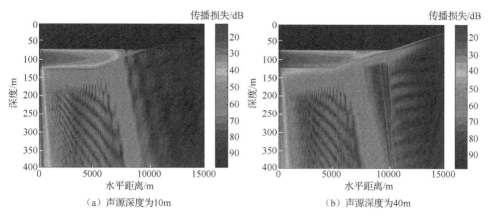

图 3-15　声源深度不同时水平位移传播损失分布伪彩图（彩图扫封底二维码）

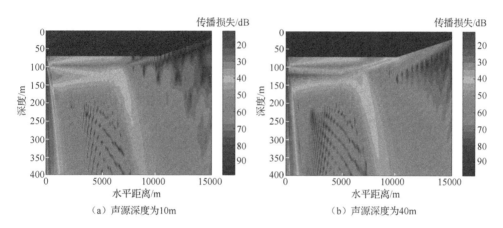

图 3-16　声源深度不同时垂直位移传播损失分布伪彩图（彩图扫封底二维码）

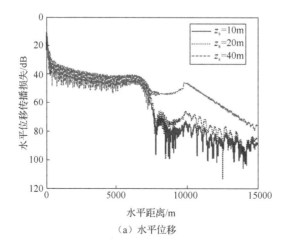

（a）水平位移

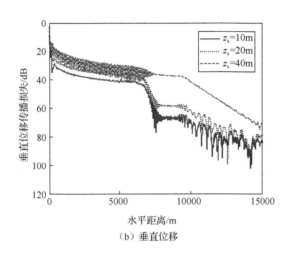

（b）垂直位移

图 3-17　声源频率为 50Hz 时弹性海底界面处位移传播损失曲线（彩图扫封底二维码）

由图 3-17 可以看出，声源深度为 10m 和 20m 时，弹性界面处的水平位移和垂直位移在 7km 左右处出现了很大衰减，水平位移幅值衰减接近 20dB，垂直位移幅值衰减接近 30dB；而声源深度为 40m，比较接近海底时，此处位移幅值衰减不是很大，而是到岸上 10km 后衰减比较大。位移幅值出现很大衰减的地方也对应着海水中简正波发生截止的地方，根据本地简正波理论，简正波的截止与声源频率和海水深度有关，当海水深度 H 变小时，特征方程的第 2 个根（第 1 个根对应 Scholte 波）变为复数，水中简正波随着距离衰减，能量由水中向海底泄漏，而此时由复数根对应的弹性海底次界面波幅值也随距离衰减，次界面波的能量由弹性界面处向海底泄漏。过一段距离后水中和弹性海底只存在 Scholte 波，海水中声源深度对 Scholte 波幅值有很大影响，声源越接近海底，激发 Scholte 波的能量越大。因此声源深度为 40m 的声源激发的 Scholte 波能量比声源深度为 10m、20m 激发的界面波能量强，次界面波能量要弱，因此声源深度为 10m、20m 激发的界面波的位移在 7km 处有很大衰减。

声源深度对岸上地震波的影响还应该与声源频率有关，即声源频率不同时，声源深度对地震波场的影响不一定一致。图 3-18 和图 3-19 给出了声源频率分别为 20Hz 和 90Hz，声源深度分别为 10m、20m、40m 时，弹性海底界面处位移的传播损失曲线。

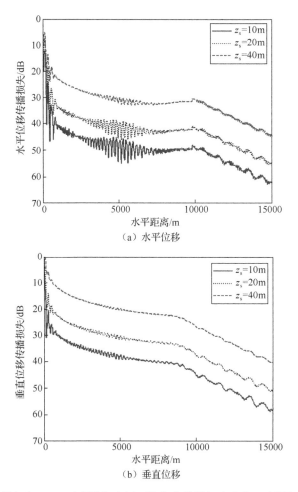

（a）水平位移

（b）垂直位移

图 3-18　声源频率为 20Hz 时弹性海底界面处位移传播损失曲线（彩图扫封底二维码）

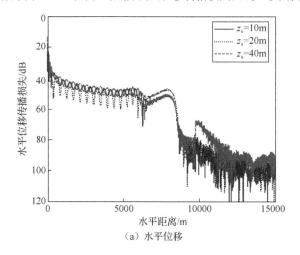

（a）水平位移

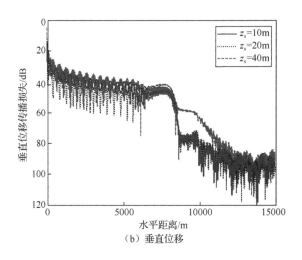

图 3-19　声源频率为90Hz时弹性海底界面处位移传播损失曲线（彩图扫封底二维码）

由图 3-18 可以看出，声源深度不同对弹性界面界面波的位移影响很大。由表 3-1 可知，声源为 20Hz 时，海水和弹性海底中只存在 Scholte 波。在距声源水平距离 5km 内，即海底为水平海底部分，弹性海底界面处地震波的位移随着声源深度的增加而增加，和前面分析相对应，声源深度对 Scholte 波影响很大；在 5～10km 时，海水深度在逐渐减小，而弹性海底界面位移幅值没有太大衰减，水中有部分能量转化为海底界面波能量；在 10～15km 时，岸的高度越来越大，Scholte波转化为 Rayleigh 波，并且沿着倾斜的弹性界面向上传播，此时界面波位移幅值随距离均有较大衰减。

而在声源频率为 90Hz 时，出现不一样的结果。由表 3-1 可知，水深为 50m时，海水中存在 2 阶简正波和 Scholte 波，弹性海底存在 2 阶次界面波和 Scholte波，而一般次界面波能量比 Scholte 波大。因此在海底界面为水平界面时，弹性界面处地震波的位移幅值随声源深度变化不大；在 5～10km 的变化过程中，由于声源深度的不同，激发各阶振动幅值不同，因此位移幅值衰减规律不同；界面波到岸上 15km 后，可以发现不同声源深度激发的地震波位移差别不大。

综上所述，甚低频声波在从海水中向岸上传播的过程中，海水中简正波出现截止现象，其能量向海底泄漏，而弹性海底中的次界面波也发生能量泄漏，其能量由弹性表面向海底泄漏，到岸上时，弹性界面只存在由 Scholte 波转化来的Rayleigh 波；岸上地震波位移幅值会随着海水中声源深度的变化而变化，声源频率越低，声源深度对岸上地震波的位移幅值影响也越大；声源频率为 20Hz 时，岸上 15km 处地震波的位移幅值在 10^{-9}m 至 10^{-10}m 变化，声源频率为 50Hz 时，岸上 15km 处地震波的位移幅值在 10^{-10} m 至 10^{-11} m 变化，声源频率为 90Hz 时，岸上 15km 处地震波的位移幅值在 10^{-11} m 至 10^{-12} m 变化，其实也可以得出声源频率对岸上地震波传播的影响，随着声源频率的升高，岸上地震波的位移幅值在减小。

3.2.2　声源频率对岸上地震波分布的影响

本节分析声源频率对岸上地震波分布的影响，海洋环境模型如图 3-13 所示，声源频率分别为 20Hz、35Hz、50Hz 和 90Hz，图 3-20～图 3-22 给出了甚低频声场/位移场的仿真计算结果。

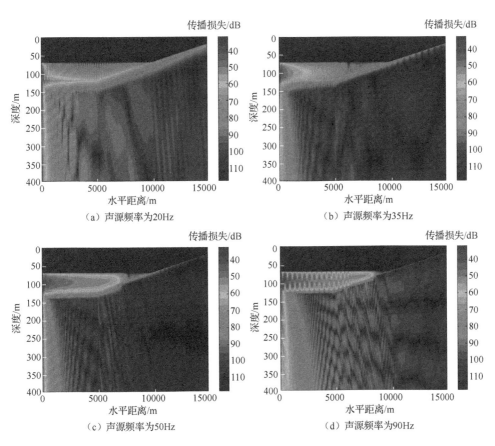

图 3-20　声源频率不同时纵波能量分布伪彩图（彩图扫封底二维码）

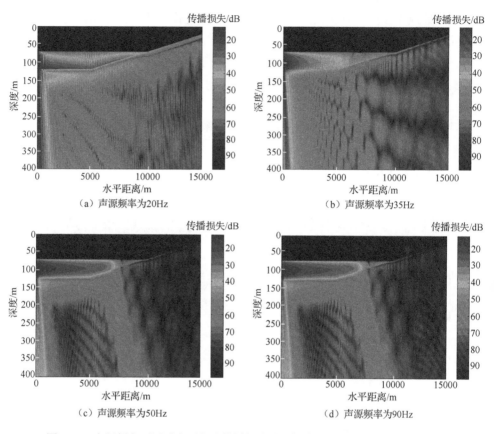

图 3-21　声源频率不同时水平位移传播损失分布伪彩图（彩图扫封底二维码）

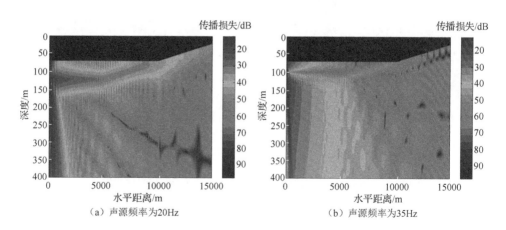

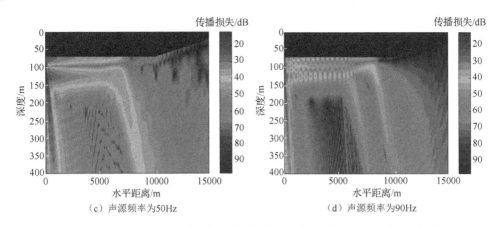

（c）声源频率为50Hz　　　　　　　　　（d）声源频率为90Hz

图 3-22　声源频率不同时垂直位移传播损失分布伪彩图（彩图扫封底二维码）

　　仿真结果表明，随着声源频率的增加，海水中简正波阶数增多，传播到岸上的纵波能量减少，声源频率为 20Hz 时，海水中只存在 Scholte 波，因此能量主要集中在海底；岸上水平位移幅值也随着声源频率的增加而减小，岸上水平位移距弹性界面处出现位移幅值极小值，表明此处质点振动主要以垂直振动为主，并且出现水平位移极小值的深度距弹性界面的距离随着声源频率的增加而减小；岸上垂直位移幅值也是随着声源频率的增加而减小，20Hz 声源激发的岸上垂直位移幅值比 50Hz 声源激发的岸上垂直位移幅值高出 30dB 左右；岸上垂直位移幅值比水平位移幅值高出 6dB 左右。图 3-23～图 3-25 给出了不同声源深度激发海底地震波的位移随频率变化曲线。

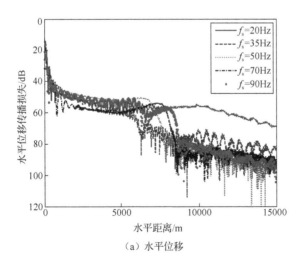

（a）水平位移

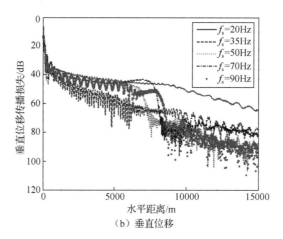

（b）垂直位移

图 3-23　声源深度为 5m 时弹性海底界面处位移传播损失曲线（彩图扫封底二维码）

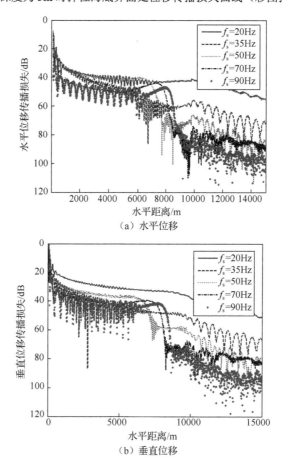

（a）水平位移

（b）垂直位移

图 3-24　声源深度为 20m 时弹性海底界面处位移传播损失曲线（彩图扫封底二维码）

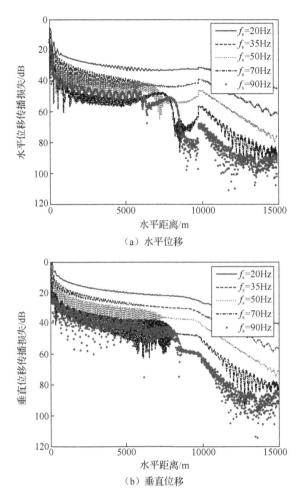

（a）水平位移

（b）垂直位移

图 3-25　声源深度为 40m 时弹性海底界面处位移传播损失曲线（彩图扫封底二维码）

从上面仿真结果可以得出，声源深度不同时，声源频率对海底地震波的影响也不一样。由表 3-1 可知，当声源频率为 20Hz 时，海底只存在 Scholte 波；声源频率为 35Hz 和 50Hz 时，海底存在 1 阶次界面波和 Scholte 波；声源频率为 90Hz 时，弹性海底存在 2 阶次界面波和 Scholte 波。在声源接近海面时，声源频率为 20Hz 激发的岸上地震波明显比其他频率激发的地震波强，幅值高 12dB 左右。因为声源为 20Hz 时，只存在 Scholte 波，其他频率声源激发还有次界面波，次界面波在向岸上传播时发生能量向海底泄漏，因此传播到岸上时只有 Scholte 波转化来的 Rayleigh 波。其他频率激发的岸上地震波位移幅值差别不大，因为在声源处激起的 Scholte 波不占主要成分。随着声源深度向海底靠近，激发出 Scholte 波的强度越来越大，并且 Scholte 波受频率影响也很大，其强度会随着声源频率的降低而增加，因此在声源靠近海底时，岸上地震波的位移受声源频率的影响变大。

3.2.3　海水深度对岸上地震波分布的影响

水平分层海底中海水深度 H 影响着海水中简正波和弹性海底次界面波的激发，Scholte 波的强度会随着海水深度的减小而增加，因此海水深度势必对岸上地震波的强度产生影响，本节就是研究海水深度对岸上地震波的影响。考虑三种海洋环境，主要区别在于声源处海水深度不同。第一种海洋环境，R 在 0～5km 时海水深度为 25m 保持不变，R 在 5～10km 时，海水深度由 25m 均匀变化到 0m，R 在 10～15km 时，岸上高度由 0m 均匀变化到 50m；第二种海洋环境见图 3-13，在前面已经对该环境模型下的甚低频位移场分布进行了仿真研究；第三种海洋环境，R 在 0～5km 时海水深度为 100m 保持不变，R 在 5～10km 时，海水深度由 100m 均匀变化到 0m，R 在 10～15km 时，岸上高度由 0m 均匀变化到 50m。图 3-26～图 3-28 给出了 H 不同时纵波能量传播损失、水平位移传播损失和垂直位移传播损失。

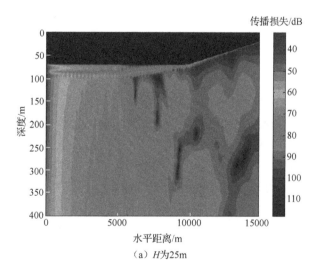

（a）H 为 25m

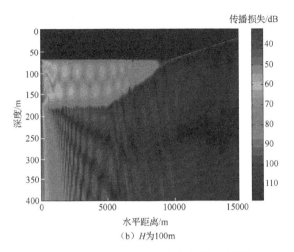

（b）H为100m

图 3-26　H 不同时纵波能量传播损失分布伪彩图（彩图扫封底二维码）

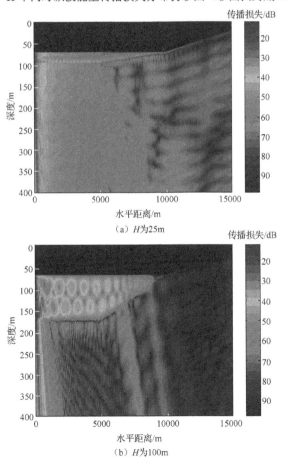

（a）H为25m

（b）H为100m

图 3-27　H 不同时水平位移传播损失分布伪彩图（彩图扫封底二维码）

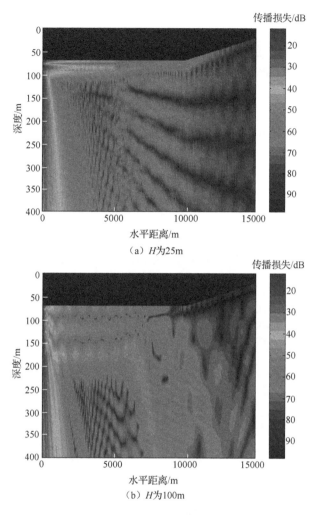

（a）H为25m

（b）H为100m

图 3-28　H不同时垂直位移传播损失分布伪彩图（彩图扫封底二维码）

从仿真结果可以得出，H不同激发的简正波个数不同，H为25m时，海水和海底中只有界面波存在，而当 H为100m时，水中激发出了2阶简正波和Scholte波，弹性海底激发出2阶次界面波和Scholte波。从能量大小来看，水深较小时，声波能量大部分透入海底并激发界面波的传播，因此海水中能量要比水深大时要小，而弹性海底纵波能量和位移要比水深大时大；两者激发岸上地震波位移幅值相差10dB左右。海水深度对岸上位移的影响还要考虑声源频率的因素，图3-29～图3-31分别给出了声源频率为20Hz、50Hz和90Hz时，在三种不同 H下位移的传播损失曲线。

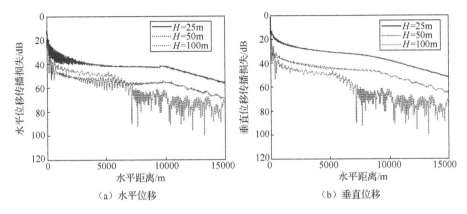

（a）水平位移　　　　　　　　　　（b）垂直位移

图 3-29　声源频率为 20Hz 时弹性海底界面处位移传播损失曲线（彩图扫封底二维码）

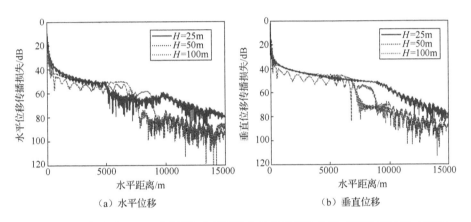

（a）水平位移　　　　　　　　　　（b）垂直位移

图 3-30　声源频率为 50Hz 时弹性海底界面处位移传播损失曲线（彩图扫封底二维码）

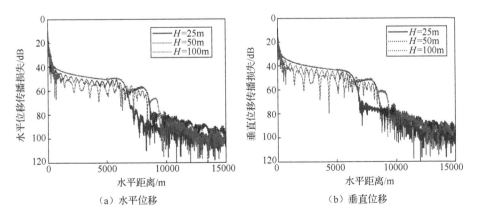

（a）水平位移　　　　　　　　　　（b）垂直位移

图 3-31　声源频率为 90Hz 时弹性海底界面处位移传播损失曲线（彩图扫封底二维码）

由上述传播损失曲线可以看出，当声源频率较低时，海底深度 H 对岸上地震波位移幅值影响很大，而当声源频率较高时，海水深度 H 对岸上地震波位移的影响不是十分显著。

3.2.4 海底地形对甚低频声传播的影响

本节考虑不规则的弹性海底模型对甚低频声传播的影响，海洋环境模型如图 3-32 所示。I 型海底为凸起型海底，H 为 50m，海水深度从 R 为 2km 时均匀减小，至 2.5km 时，海水深度最浅为 25m，然后均匀变深，至 R 为 3km 时海水深度为 50m，R 大于 3km 后海洋环境和前面一样；II 型海底为凹型海底，H 为 50m，海水深度从 R 为 2km 时均匀增大，至 2.5km 时，海水深度最深为 75m，然后均匀减小，至 R 为 3km 时海水深度为 50m，R 大于 3km 后海洋环境和前面一样；III 型海底即为前面的海底模型（图 3-4）。图 3-33～图 3-35 给出了声源频率为 50Hz、声源深度为 10m 时，I 型和 II 型海底的海洋环境中纵波能量传播损失、水平位移传播损失和垂直位移传播损失。

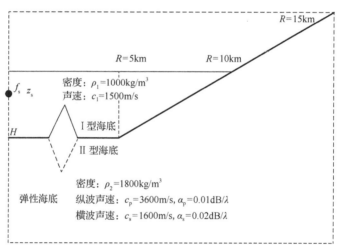

图 3-32　具有海底山/海底沟的海洋环境参数示意图

由图 3-33～图 3-35 可以看出，距离 R 大于 3km 后，II 型海底海洋环境模型的海水中的能量要比 I 型海底中能量要大，主要由于 I 型海底水深的减小，引发了简正波截止现象，能量部分透入海底中；在海底中凹和凸起的地方都有声波能量从海水向海底中泄漏，I 型海底中，声波能量向海底透入较多，而在 R 大于 5km 后，海水深度都减小，再次发生简正波的泄漏现象，并且弹性海底次界面波也会发生能量向海底泄漏，此时 I 型海底由于在 R 为 3km 时已发生能量泄漏，在 5km 后发生能量泄漏比 II 型海底情况下要小，这种现象在水平位移和垂直位移的传播损失图上可以看出。弹性界面处的位移 I 型海底情况下要比 II 型海底情况下高出 6dB 左右（图 3-36）。

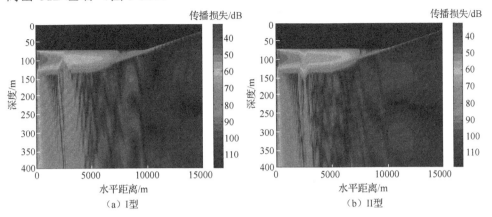

（a）I 型　　　　　　　　　　　　（b）II 型

图 3-33　I 型和 II 型海底中的纵波能量传播损失分布伪彩图（彩图扫封底二维码）

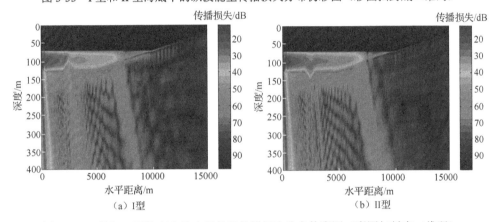

（a）I 型　　　　　　　　　　　　（b）II 型

图 3-34　I 型和 II 型海底中的水平位移传播损失分布伪彩图（彩图扫封底二维码）

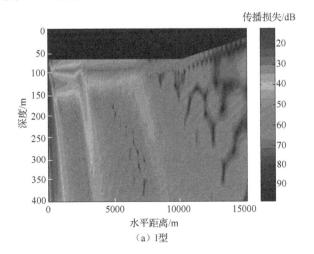

（a）I 型

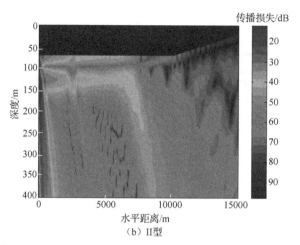

（b）II型

图 3-35　I 型和 II 型海底中的垂直位移传播损失分布伪彩图（彩图扫封底二维码）

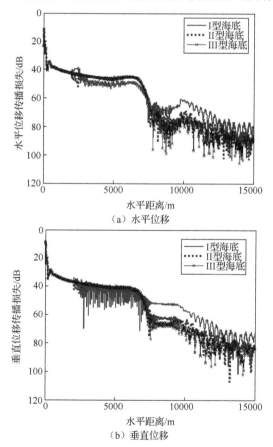

（a）水平位移

（b）垂直位移

图 3-36　声源频率为 50Hz、深度为 10m 时弹性界面处位移传播损失曲线（彩图扫封底二维码）

图 3-37 给出了声源频率为 50Hz、深度为 40m 时，弹性界面处水平位移和垂直位移传播损失曲线。从图中可以看出，在起伏不同的海底中，弹性界面地震波位移幅值相差不大，这是因为在声源接近海底时，激发出的 Scholte 波占主要部分，而 Scholte 波没有截止深度，因此这几种海底情况下弹性界面地震波位移幅值差别不大。

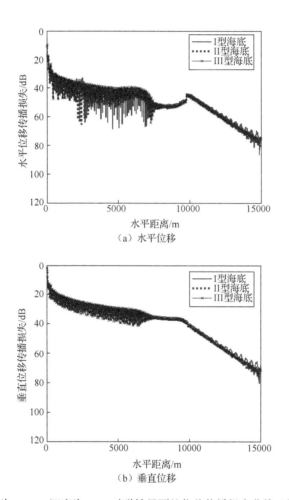

（a）水平位移

（b）垂直位移

图 3-37　声源频率为 50Hz、深度为 40m 时弹性界面处位移传播损失曲线（彩图扫封底二维码）

图 3-38～图 3-40 给出了声源在不同深度下，频率为 20Hz 和 90Hz 时，这三种海底情况下弹性界面地震波的位移传播损失曲线。由仿真结果可以看出，声源为 20Hz 时，海底的变化对弹性界面地震波位移幅值影响不大，海底变化对声源频率较高时影响比较显著。

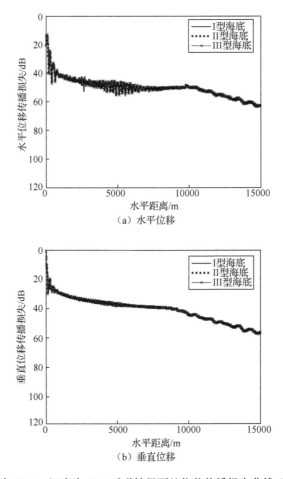

（a）水平位移

（b）垂直位移

图 3-38　声源频率为 20Hz、深度为 10m 时弹性界面处位移传播损失曲线（彩图扫封底二维码）

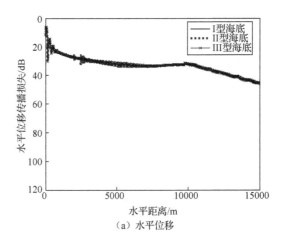

（a）水平位移

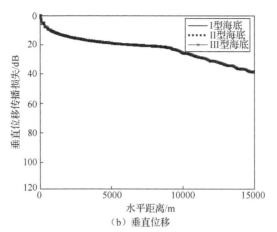

（b）垂直位移

图 3-39 声源频率为 20Hz、深度为 40m 时弹性界面处位移传播损失曲线（彩图扫封底二维码）

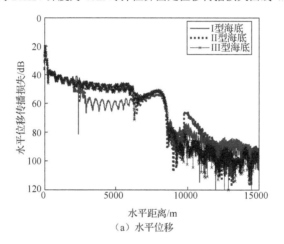

（a）水平位移

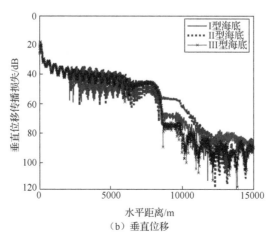

（b）垂直位移

图 3-40 声源频率为 90Hz、深度为 10m 时弹性界面处位移传播损失曲线（彩图扫封底二维码）

3.2.5　海底声速对甚低频声传播的影响

考虑图 3-13 所示海洋环境模型中海底纵波声速（c_p）和横波声速（c_s）对甚低频声场影响，图 3-41～图 3-43 给出了 f 为 50Hz，z_s 为 30m，c_p 为 1800m/s、c_s 为 800m/s 和 c_p 为 3600m/s、c_s 为 1600m/s 时，纵波能量传播损失、水平位移和垂直位移的传播损失分布伪彩图。

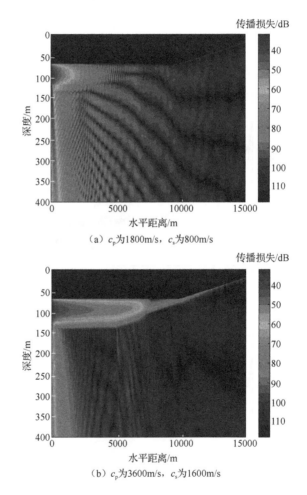

（a）c_p 为 1800m/s，c_s 为 800m/s

（b）c_p 为 3600m/s，c_s 为 1600m/s

图 3-41　纵波能量传播损失分布伪彩图（彩图扫封底二维码）

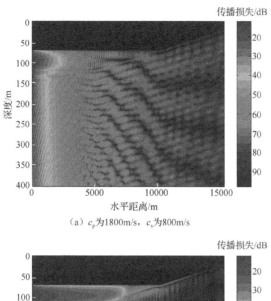

（a）c_p 为1800m/s，c_s 为800m/s

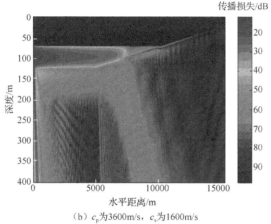

（b）c_p 为3600m/s，c_s 为1600m/s

图 3-42　水平位移传播损失分布伪彩图（彩图扫封底二维码）

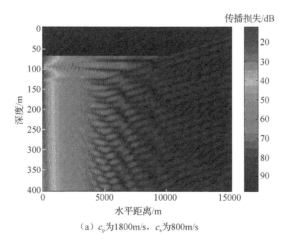

（a）c_p 为1800m/s，c_s 为800m/s

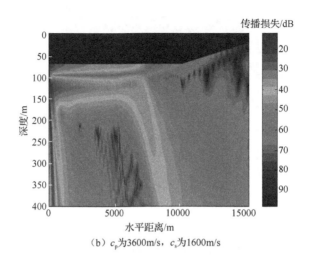

（b）c_p为3600m/s，c_s为1600m/s

图 3-43　垂直位移传播损失分布伪彩图（彩图扫封底二维码）

由仿真结果可以看出，海底为软海底时（纵波声速为 1800m/s，横波声速为 800m/s），海水中能量很少，大部分能量在近距离处就透射入海底，在海底倾斜的地方没有发生简正波截止现象；透入到海底纵波的能量比硬海底（横波声速大于 1500m/s）情况下要大。图 3-44 给出了不同海底声速情况下弹性界面处位移的传播损失曲线。由传播损失曲线可以看出，在海底为水平（R 为 4km）时，软海底情况下的位移幅值比硬海底情况下位移幅值低 30dB 左右，而在 R 从 5km 变化到 10km 过程，由于波导截止效应，硬海底情况下发生简正波截止，位移幅值有很大衰减，传到岸上时（R 为 15km）不同海底情况下位移幅值相差不大。

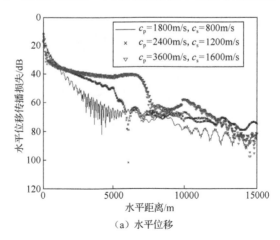

（a）水平位移

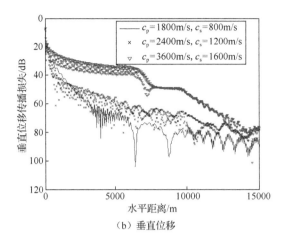

（b）垂直位移

图 3-44　弹性界面处位移传播损失曲线（彩图扫封底二维码）

第4章 弹性沉积层影响下的声场特性

4.1 弹性沉积层对低频声场影响的仿真分析

前面的研究主要集中于海底为弹性半无限海洋环境下低频声场的分布特性，而实际的海底结构比较复杂，一般由厚度不均匀的沉积层和基岩层组成，沉积层对声传播的影响不能忽略，本节将研究沉积层对声传播的影响特性。由于考虑了沉积层，边界处理变得复杂，前面介绍的能量守恒近似和单散射近似的边界处理方法可以用来解决沉积层影响的声传播问题。

4.1.1 海底水平、倾斜弹性体-弹性体边界条件下声场数值计算

为验证单散射近似方法对具有倾斜弹性体-弹性体界面的分层弹性海底海洋环境声场计算的准确性，本节选取图 4-1 的海洋环境及参数，比较单散射近似方法与能量守恒近似方法的仿真计算结果，并对比分析切片法中收敛因子 τ、切片数 N 和迭代次数 L 对计算精度的影响。

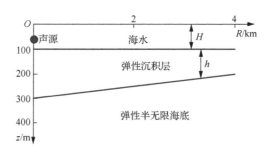

图 4-1　变地形分层弹性海底地形剖面示意图

在均匀流体层覆盖下分层弹性海底的海洋环境中，海底水平，弹性体-弹性体界面倾斜向上。计算最远距离 $R = 4\text{km}$，声源频率 $f = 50\text{Hz}$，声源深度 $z_s = 90\text{m}$，接收深度 $z_r = 50\text{m}$；水中声速 $c_w = 1500\text{m/s}$，水深 $H = 100\text{m}$，水密度 $\rho_0 = 1000\text{kg/m}^3$；弹性沉积层纵波声速 $c_{pl} = 1600\text{m/s}$，横波声速 $c_{sl} = 700\text{m/s}$，沉积层厚度 h 由 200m 到 100m 线性减小，沉积层密度 $\rho_1 = 1200\text{kg/m}^3$，沉积层中纵波

吸收系数 $\alpha_{p1} = 0.1\mathrm{dB}/\lambda$，横波吸收系数 $\alpha_{s1} = 0.2\mathrm{dB}/\lambda$；弹性半无限基底纵波、横波声速分别为：① $c_{p2} = 2400\mathrm{m/s}$ 和 $c_{s2} = 1200\mathrm{m/s}$，② $c_{p2} = 3400\mathrm{m/s}$ 和 $c_{s2} = 1700\mathrm{m/s}$，③ $c_{p2} = 4000\mathrm{m/s}$ 和 $c_{s2} = 2100\mathrm{m/s}$，基底层密度 $\rho_2 = 1500\mathrm{kg/m^3}$，基底层中纵波、横波吸收系数相同，$\alpha_{p2} = \alpha_{s2} = 0.5\mathrm{dB}/\lambda$。

单散射近似方法中分别采用条件一（$\tau = 2$，$N = 1$，$L = 1$）（图 4-2）和条件二（$\tau = 4$，$N = 3$，$L = 20$）（图 4-3）两种条件，与能量守恒近似方法仿真计算传播损失曲线相比较。

当选择条件一（$\tau = 2$，$N = 1$，$L = 1$）时，如图 4-2 所示。分别采用上述①、②、③三种弹性基底介质参数进行仿真计算，随着介质参数的增大，单散射近似方法相较于能量守恒近似方法的误差逐渐增大，当介质参数增加到一定程度已经不能满足计算精度要求 [图 4-2（c）]。当选择条件二（$\tau = 4$，$N = 3$，$L = 20$）时，如图 4-3 所示。三种参数条件下，两种方法数值计算结果都吻合得非常好，不再出现误差增大的现象（本章所有算例中除特别声明均采用条件二计算）。

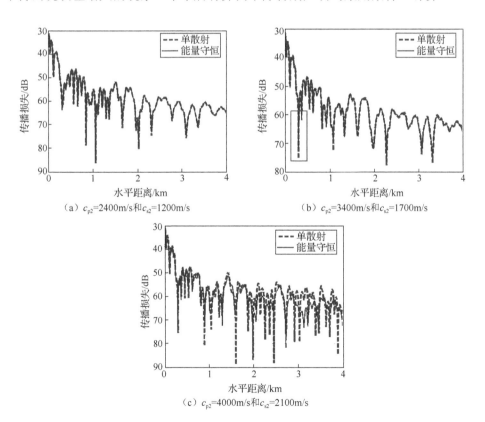

（a）$c_{p2}=2400\mathrm{m/s}$ 和 $c_{s2}=1200\mathrm{m/s}$

（b）$c_{p2}=3400\mathrm{m/s}$ 和 $c_{s2}=1700\mathrm{m/s}$

（c）$c_{p2}=4000\mathrm{m/s}$ 和 $c_{s2}=2100\mathrm{m/s}$

图 4-2　条件一（$\tau = 2$，$N = 1$，$L = 1$）时传播损失曲线对比图（彩图扫封底二维码）

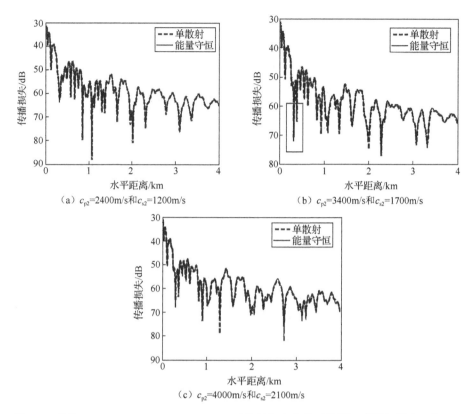

（a）$c_{p2}=2400\text{m/s}$和$c_{s2}=1200\text{m/s}$　　　　　　（b）$c_{p2}=3400\text{m/s}$和$c_{s2}=1700\text{m/s}$

（c）$c_{p2}=4000\text{m/s}$和$c_{s2}=2100\text{m/s}$

图 4-3　条件二（$\tau=4$，$N=3$，$L=20$）时传播损失曲线对比图（彩图扫封底二维码）

对比分析图 4-2 和图 4-3 可知，当弹性层之间介质参数变化不太大时，两种条件下的单散射近似方法仿真结果和能量守恒近似方法基本相同 [图 4-2（a）和图 4-3（a）]，均能满足计算要求。随着介质参数变化增大，单散射近似方法和能量守恒近似方法计算结果略有不同 [图 4-2（b）和图 4-3（b）]，但仍能满足基本计算精度要求。当介质参数变化增大到一定程度，采用单散射近似方法选择条件一进行仿真计算 [图 4-3（c）]，传播损失曲线抖动较大，出现明显误差，已不能满足要求。当采用单散射近似方法选择条件二进行仿真计算时 [图 4-3（c）]，与能量守恒近似方法计算结果仍然吻合良好，充分证明了在没有增加太大计算量的前提下，切片法有效扩展了单散射近似方法的适用范围，使其在弹性介质参数变化较大时仍能保持较高的计算精确性和准确性。

4.1.2　连续起伏变化分层弹性海底条件下声场数值计算

本节将进一步证明本章建立的单散射近似方法较能量守恒近似方法在处理不规则分层弹性介质时具有更宽广的适用范围。采用类似文献[1]和[2]中算例，增加一层弹性介质层作为海洋基底层，使弹性体-弹性体界面与海面平行，地形 A 剖面示意图如图 4-4 所示，海洋环境参数如下。

算例 4-1 在均匀流体层覆盖下，计算最远水平距离 $R = 8\text{km}$，声源频率 f 分别取 50Hz 和 100Hz，声源深度 $z_s = 30\text{m}$，接收深度 $z_r = 50\text{m}$；水中声速 $c_w = 1500\text{m/s}$、密度 $\rho_0 = 1000\text{kg/m}^3$；弹性沉积层纵波声速 $c_{p1} = 1700\text{m/s}$、横波声速 $c_{s1} = 700\text{m/s}$，沉积层厚度不均匀，沉积层密度 $\rho_1 = 1500\text{kg/m}^3$；弹性半无限基底层中纵波声速 $c_{p2} = 2400\text{m/s}$、横波声速 $c_{s2} = 1200\text{m/s}$，基底层密度 $\rho_2 = 1700\text{kg/m}^3$，弹性沉积层和弹性半无限基底层中纵波、横波吸收系数相同，$\alpha_p = \alpha_s = 0.5\text{dB}/\lambda$。

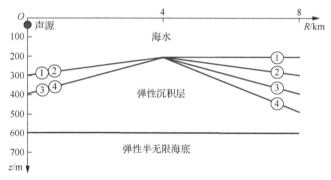

图 4-4 四种地形条件下海底地形 A 剖面示意图

仿真计算图 4-4 中四种地形条件下声场分布传播损失，如图 4-5～图 4-8 所示，其中图（a）频率为 50Hz，图（b）频率为 100Hz（图例中"映射-单散射"指采用坐标映射方法和单散射近似方法两种方法联合处理两层海底界面；"能量-能量"指两层海底界面都采用能量守恒近似方法处理，下同）。

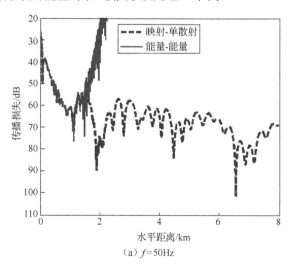

（a）$f = 50\text{Hz}$

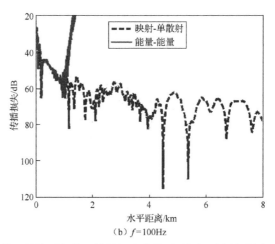

（b）$f=100Hz$

图 4-5　第一种地形条件下传播损失曲线对比图（彩图扫封底二维码）

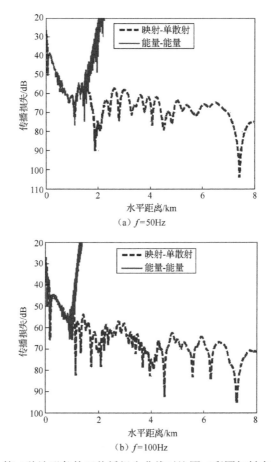

（a）$f=50Hz$

（b）$f=100Hz$

图 4-6　第二种地形条件下传播损失曲线对比图（彩图扫封底二维码）

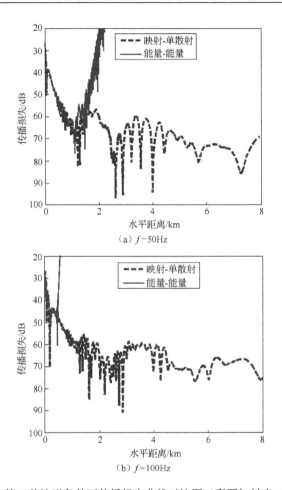

（a）f=50Hz

（b）f=100Hz

图 4-7　第三种地形条件下传播损失曲线对比图（彩图扫封底二维码）

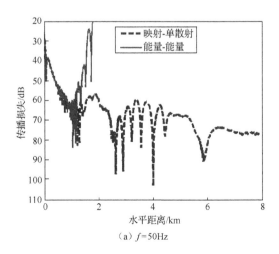

（a）f=50Hz

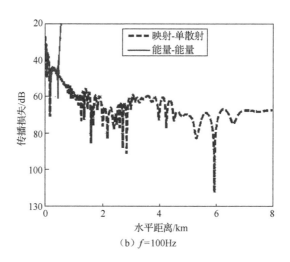

（b）$f=100$Hz

图 4-8 第四种地形条件下传播损失曲线对比图（彩图扫封底二维码）

比较图 4-5～图 4-8 所示算例 4-1 中四种地形条件下计算的传播损失曲线，本章方法在上述环境参数的四种地形条件下都能很好地完成计算，而能量守恒近似方法则都存在严重的发散现象，很好地证明了本章方法在处理分层弹性海底海洋环境中声场计算问题时，不但能更好地解决纵波和横波的能量耦合问题，而且具有良好的适用性。

4.2 分层弹性海底中低频声场空间分布仿真计算

4.2.1 地形变化条件下声场空间分布仿真计算

本节将仿真计算地形 B～H 所示的八种地形条件下声场空间分布。环境参数如算例 4-2 所示。

算例 4-2 在均匀流体层覆盖下，具有分层弹性海底的海洋环境中，计算最远水平距离 $R=20$km，声源频率 $f=50$Hz，声源深度 $z_s=50$m，接收深度 $z_r=80$m；水中声速 $c_w=1500$m/s，水密度 $\rho_0=1000$kg/m³；弹性沉积层纵波声速 $c_{p1}=2400$m/s、横波声速 $c_{s1}=1200$m/s，沉积层密度 $\rho_1=1200$kg/m³；弹性半无限海底纵波声速 $c_{p2}=3400$m/s、横波声速 $c_{s2}=1700$m/s，基底层密度 $\rho_2=1500$kg/m³；两层弹性介质中吸收系数相同，其中纵波吸收系数 $\alpha_p=0.1$dB/λ、横波吸收系数 $\alpha_s=0.2$dB/λ。

1. 海底倾斜、弹性体-弹性体界面水平条件下声场空间分布

地形 B 剖面示意图如图 4-9 所示,海底先下坡后上坡、弹性体-弹性体界面水平,环境参数如算例 4-2 所示。地形 B 的传播损失曲线如图 4-10 所示,在海底地形变化的拐点处(10km)传播损失明显增大。地形 B 的声压传播损失分布伪彩图(图 4-11)显示弹性体-弹性体界面处存在清晰的界面波,且界面波随距离衰减较慢,使得界面处声波能量较界面两侧明显较强。

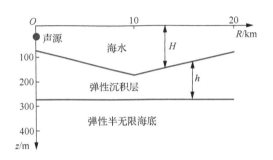

图 4-9 地形 B 剖面示意图

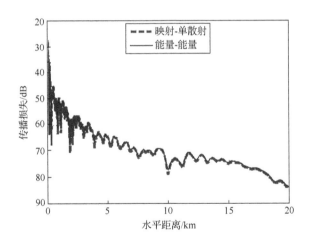

图 4-10 地形 B 的传播损失曲线(彩图扫封底二维码)

地形 C 剖面示意图如图 4-12 所示,海底先上坡后下坡、弹性体-弹性体边界水平,环境参数如算例 4-2 所示。地形 C 的传播损失曲线和声压传播损失分布伪彩图分别如图 4-13 和图 4-14 所示,海底地形拐点前后能量迅速变化,同时,弹性体-弹性体界面波依然清晰可见。

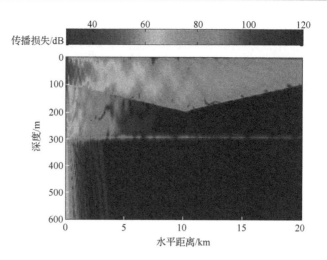

图 4-11 地形 B 的传播损失分布伪彩图（彩图扫封底二维码）

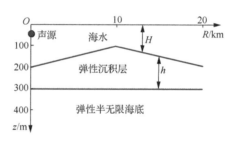

图 4-12 地形 C 剖面示意图

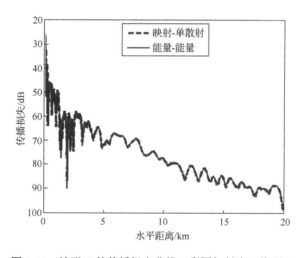

图 4-13 地形 C 的传播损失曲线（彩图扫封底二维码）

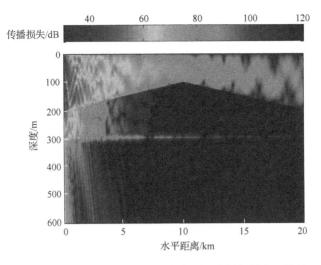

图 4-14　地形 C 的传播损失分布伪彩图（彩图扫封底二维码）

如图 4-10 和图 4-13 所示，海底界面拐点以后，海底 V 字形地形和 Λ 字形地形的传播损失相差达 10dB。上述现象说明海底 V 字形地形对声波能量有富集作用，使得声波传播距离较远；相反 Λ 字形海底则不利于声场传播，说明了海底边界的上坡地形（图 4-14）对声波能量前向传播的阻碍作用较大，这与光学中的影区现象相类似。

2. 海底水平、弹性体-弹性体界面倾斜条件下声场空间分布

地形 D 剖面示意图如图 4-15 所示，海底水平，水深 $H = 100\mathrm{m}$，弹性体-弹性体边界先下坡后上坡，环境参数如算例 4-2 所示，地形 D 的声压传播损失曲线和传播损失分布伪彩图如图 4-16 和图 4-17 所示。

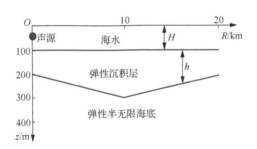

图 4-15　地形 D 剖面示意图

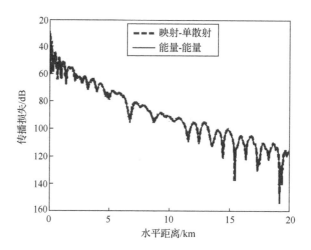

图 4-16　地形 D 的传播损失曲线（彩图扫封底二维码）

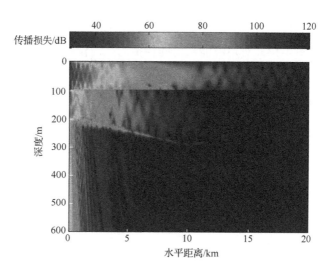

图 4-17　地形 D 的传播损失分布伪彩图（彩图扫封底二维码）

地形 E 剖面示意图如图 4-18 所示，海底水平，水深 $H=100\mathrm{m}$，弹性体-弹性体边界先上坡后下坡，环境参数如算例 4-2 所示，地形 E 的声压传播损失曲线和传播损失分布伪彩图如图 4-19 和图 4-20 所示。

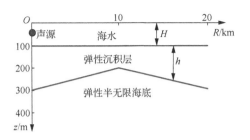

图 4-18 地形 E 剖面示意图

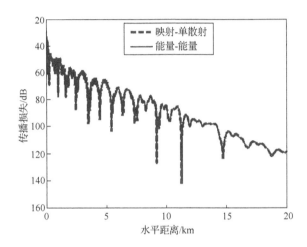

图 4-19 地形 E 的传播损失曲线（彩图扫封底二维码）

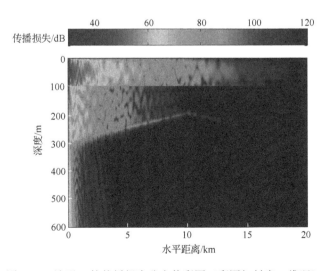

图 4-20 地形 E 的传播损失分布伪彩图（彩图扫封底二维码）

比较图 4-16 和图 4-19 可知，两种条件下接收深度处传播损失曲线整体趋势大致相同，但干涉结构差异较大，说明弹性体-弹性体界面倾斜方向的变化对海水中声波能量干涉结构分布有着较大影响。比较图 4-17 和图 4-20 可知，传播损失分布图（图 4-17）显示当弹性体-弹性体界面向下倾斜时，弹性沉积层形成一个开口结构的区域，声波能量透过沉积层向弹性基底层介质辐射相对较强，且在水平方向传播较远，超过拐点约 2km 处（12km）弹性沉积层中传播损失衰减约为 120dB；当弹性体-弹性体界面向上倾斜时（图 4-20），弹性沉积层形成一个闭合结构的区域，自沉积层反射回海水中的声波能量相对较强，在水平方向传播较近，未能超过拐点（10km）传播损失已经衰减 120dB。

3. 弹性体-弹性体界面跟随海底地形变化的分层海底条件下声场空间分布

地形 F 剖面示意图如图 4-21 所示，弹性体-弹性体边界跟随海底地形变化，海底先下坡后上坡，沉积层厚度均匀，$h = 100\text{m}$，环境参数如算例 4-2 所示。梳状结构的传播损失曲线如图 4-22 所示；传播损失分布（图 4-23）在水平和垂直方向都有明显的干涉结构。

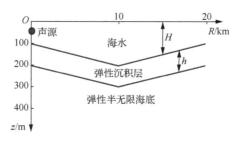

图 4-21　地形 F 剖面示意图

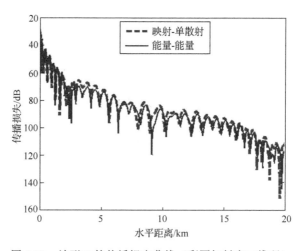

图 4-22　地形 F 的传播损失曲线（彩图扫封底二维码）

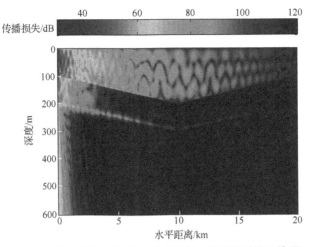

图 4-23　地形 F 的传播损失分布伪彩图（彩图扫封底二维码）

地形 G 剖面示意图如图 4-24 所示，弹性体-弹性体边界也跟随海底地形变化，海底先上坡后下坡，沉积层厚度均匀，$h = 100\text{m}$，环境参数如算例 4-2 所示，地形 G 的传播损失曲线和传播损失分布伪彩图分别如图 4-25 和图 4-26 所示。

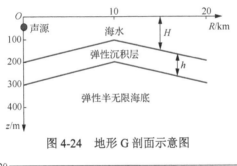

图 4-24　地形 G 剖面示意图

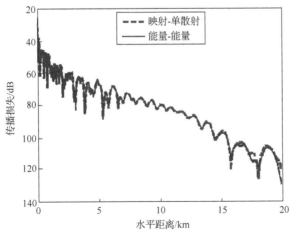

图 4-25　地形 G 的传播损失曲线（彩图扫封底二维码）

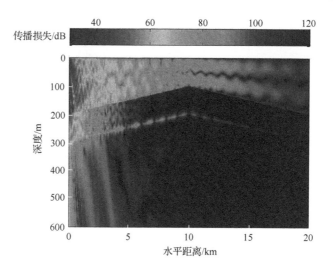

图 4-26 地形 G 的传播损失分布伪彩图（彩图扫封底二维码）

比较图 4-23 和图 4-25 可知，本章方法和能量守恒近似方法计算结果稍有差别，且下坡较上坡误差明显增大，但整体趋势完全一致。比较图 4-23 和图 4-26 可得与 4.2.1 节中相同的结论，分析认为该现象是水深变化导致的，海水深度先增加后减小（图 4-23）相较于先减小后增加（图 4-26）的声波能量传播距离较远。

4. 任意变化的分层海底条件下声场空间分布

地形 H 剖面示意图如图 4-27 所示，环境参数如算例 4-2 所示，海水层和弹性沉积层的厚度均有起伏。地形 H 的传播损失曲线如图 4-28 所示，地形 H 的传播损失分布伪彩图如图 4-29 所示，充分证明了本章方法对不同地形海洋环境的适应性和计算的准确性。

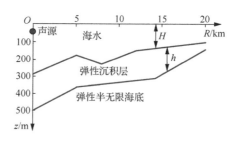

图 4-27 地形 H 剖面示意图

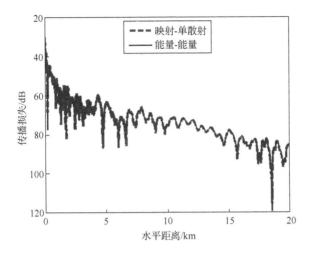

图 4-28　地形 H 的传播损失曲线（彩图扫封底二维码）

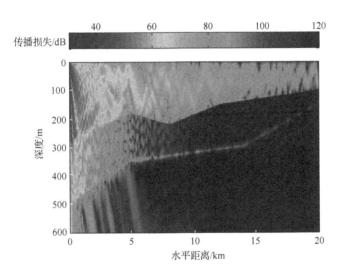

图 4-29　地形 H 的传播损失分布伪彩图（彩图扫封底二维码）

4.2.2　倾斜海域声场空间分布仿真计算

　　弹性沉积层的存在对倾斜海域中（如图 4-30 所示地形 J）低频声场传播必然产生较大影响，本节将选用算例 4-3 所示海洋环境参数，仿真分析倾斜分层弹性海底条件下的声场空间分布规律。

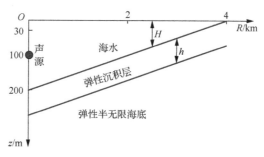

图 4-30　倾斜分层弹性海底地形 J 剖面示意图

算例 4-3　在均匀流体层覆盖下，具有分层弹性海底的倾斜海洋环境中海底和弹性体-弹性体界面平行，地形 J 剖面示意图如图 4-30 所示。计算最远水平距离 $R=4\text{km}$，声源频率 $f=150\text{Hz}$，声源深度 $z_s=100\text{m}$，接收深度 $z_r=30\text{m}$；水中声速 $c_w=1500\text{m/s}$，水密度 $\rho_0=1000\text{kg/m}^3$；弹性沉积层中纵波声速 $c_{p1}=2400\text{m/s}$、横波声速 $c_{s1}=1200\text{m/s}$，沉积层密度 $\rho_1=1200\text{kg/m}^3$；弹性半无限海底中纵波声速 $c_{p2}=3400\text{m/s}$、横波声速 $c_{s2}=1700\text{m/s}$，基底层密度 $\rho_2=1500\text{kg/m}^3$；两层弹性海底中介质吸收系数相同，纵波吸收系数 $\alpha_p=0.1\text{dB/}\lambda$、横波吸收系数 $\alpha_s=0.2\text{dB/}\lambda$。

1. 弹性沉积层厚度变化对声场空间分布的影响

沉积层厚度 h 分别取 0m、15m、30m、60m、90m 五种条件，分析沉积层厚度不同对声场分布的影响，其他参数同算例 4-3。

比较图 4-31 和图 4-32 中传播损失分布伪彩图可以看出，与不存在沉积层相比，沉积层厚度为 15m 时对水平距离为 2km 处声影区产生了较大影响，图 4-31 中原有清晰的 X 字形声影区由于沉积层的存在变得比较模糊（图 4-32），声影区传播损失相差超过 10dB。但向下层弹性半无限海底的能量辐射明显减小。

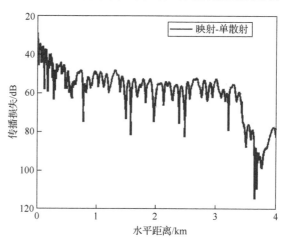

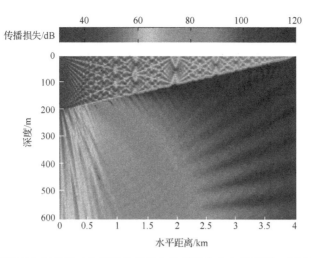

图 4-31　$h=0\text{m}$ 即不存在沉积层时传播损失曲线和传播损失分布伪彩图（彩图扫封底二维码）

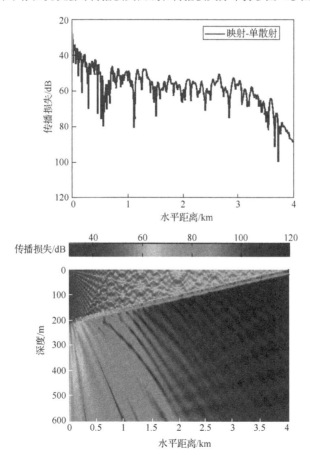

图 4-32　$h=15\text{m}$ 时传播损失曲线和传播损失分布伪彩图（彩图扫封底二维码）

如图 4-31～图 4-35 所示，在近场由于声场干涉较强，弹性体-弹性体边界界面波不太清晰；但远离声源区后，界面波清晰可见，且界面波能量明显比其附近区域体波要强。比较图 4-33～图 4-35 中沉积层厚度为 30m、60m 和 90m 三种条件下传播损失曲线，不同厚度沉积层对水平距离 2～3km 处传播损失曲线的平滑程度影响较大。综上，弹性沉积层的存在对海水中声场分布结构产生了较大影响，其厚度对声场传播的影响规律有待进一步研究。

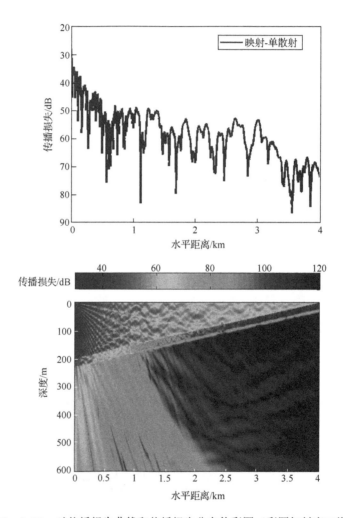

图 4-33　h=30m 时传播损失曲线和传播损失分布伪彩图（彩图扫封底二维码）

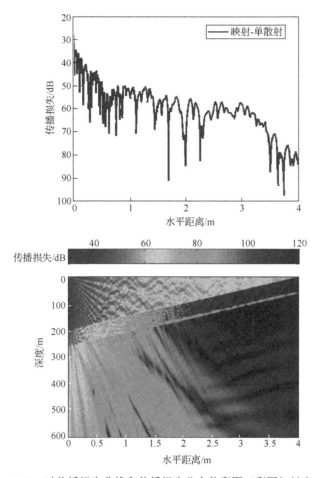

图 4-34　h=60m 时传播损失曲线和传播损失分布伪彩图（彩图扫封底二维码）

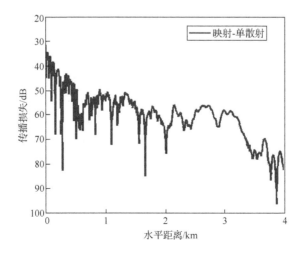

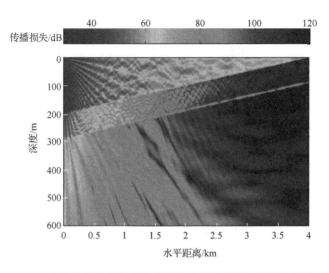

图 4-35　h=90m 时传播损失曲线和传播损失分布伪彩图（彩图扫封底二维码）

2. 声源深度变化对声场空间分布的影响

下面分析声源深度不同对声场分布的影响，声源深度 z_s 分别取 5m、50m、100m、150m、195m 五种不同的深度条件，沉积层厚度 $h=60\text{m}$，其他参数同算例 4-3，声压传播损失曲线和传播损失分布伪彩图如图 4-36～图 4-40 所示。

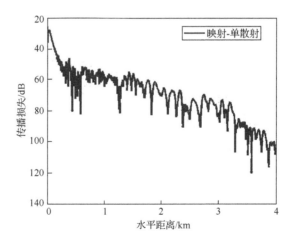

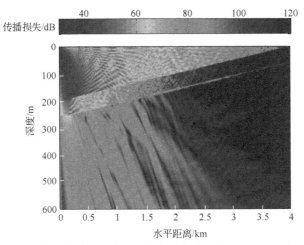

图 4-36 $z_s = 5\text{m}$ 时声压传播损失曲线和传播损失分布伪彩图（彩图扫封底二维码）

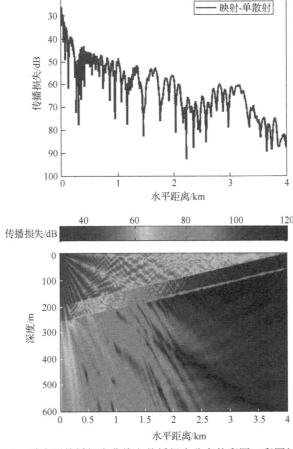

图 4-37 $z_s = 50\text{m}$ 时声压传播损失曲线和传播损失分布伪彩图（彩图扫封底二维码）

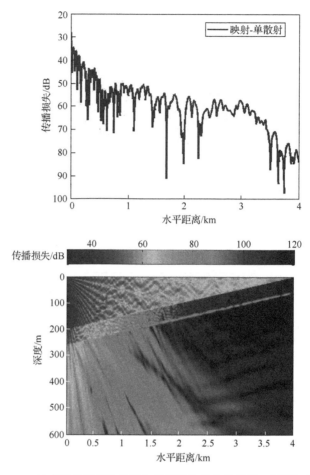

图 4-38　$z_s=100\text{m}$ 时声压传播损失曲线和传播损失分布伪彩图（彩图扫封底二维码）

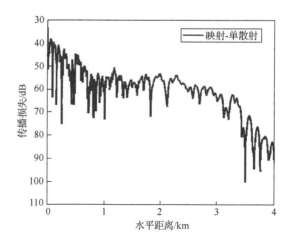

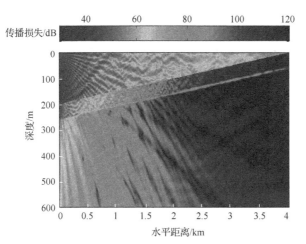

图 4-39　$z_s = 150\text{m}$ 时声压传播损失曲线和传播损失分布伪彩图（彩图扫封底二维码）

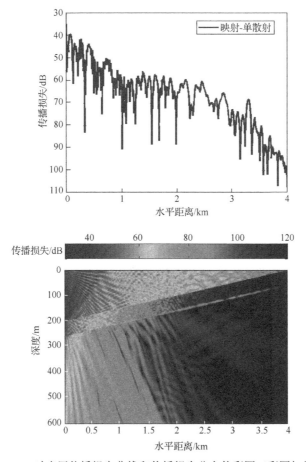

图 4-40　$z_s = 195\text{m}$ 时声压传播损失曲线和传播损失分布伪彩图（彩图扫封底二维码）

比较图 4-36 和图 4-40 可知，当 $z_s = 5\text{m}$、$z_s = 195\text{m}$ 即声源靠近海面、海底时，声波能量经海面、海底多次反射，衰减较快、传播距离较近，尤其当声源靠近海面时，传播距离不足 2km 声波能量已衰减近 70dB。倾斜海域条件下，声源愈靠近声道的中间位置，声波能量传播距离越远，如图 4-36～图 4-40 所示。当 $z_s = 100\text{m}$，即声源位于 1/2 水深位置处时，声场传播距离远达 3km 处时传播损失仍不足 60dB，且声源位于该深度下，声波能量透过沉积层向海底基底层的辐射最强。

3. 海底斜率变化对声场空间分布的影响

下面分析倾斜海域中海底斜率不同对声场分布的影响，选取声源深度 $z_s = 80\text{m}$，沉积层厚度 $h = 50\text{m}$，海底斜率 d 分别取 1/20、3/40 和 1/10 三种条件，其他参数同算例 4-2，声场分布如图 4-41～图 4-43 所示。

如图 4-41～图 4-43 所示，海底斜率 d 正比于声源位置处的海水深度，随着 d 的增大，2～3.5km 范围内的声场干涉产生的亮纹逐渐变细、亮纹的间距逐渐变小，反映到传播损失曲线上即其"梳状结构"的"梳子齿"随海底斜率 d 的增加越来越细，间距越来越小。分析认为是海水深度的增大使得声源激发的简正波阶数明显增多，进而造成了更加精细复杂的干涉叠加效果。同时，随着海底斜率的增加，海底沉积层中声波能量逐渐增强，声波能量透过沉积层的出射角也随之逐渐增大，海底弹性基底层声能分布也变得愈加复杂。

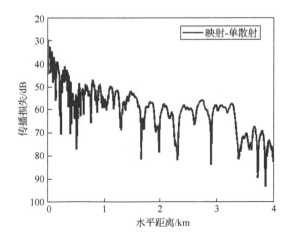

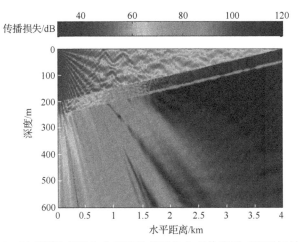

图 4-41　d=1/20 时声压传播损失曲线和传播损失分布伪彩图（彩图扫封底二维码）

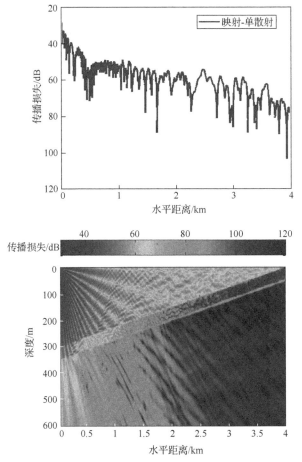

图 4-42　d=3/40 时声压传播损失曲线和传播损失分布伪彩图（彩图扫封底二维码）

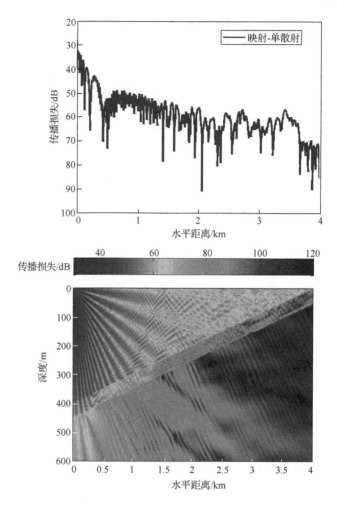

图 4-43　d=1/10 时声压传播损失曲线和传播损失分布伪彩图（彩图扫封底二维码）

参 考 文 献

[1] Petrov P S, Ehrhardt M. Transparent boundary conditions for iterative high-order parabolic equations[J]. Journal of Computational Physics, 2016, 313(1): 144-158.

[2] Mikhin D. Exact discrete nonlocal boundary conditions for high-order Padé parabolic equations[J]. The Journal of the Acoustical Society of America, 2004, 116(5): 2864-2875.

第5章　三维直角坐标系下抛物方程方法

在现有的三维抛物方程模型中，Lin 等[1]提出的三维直角坐标系下抛物方程模型算子近似程度高，考虑了水平算子和深度算子之间交叉项对声传播的影响，可以有效地计算三维声传播问题。然而，该模型由于初始场设置和边界控制的原因，使得近距离声场计算角度和远距离声场计算距离受到了限制。为了有效提高模型的适用范围，本章提出了该模型的改进算法。

本章简要介绍三维直角坐标系下抛物方程模型基本理论，并对典型海洋波导下的声传播问题进行仿真计算。仿真分析模型在计算三维声场时存在局限性，即近距离声场有效计算区域角度较小以及远距离声场有效计算距离受到 y 方向最大宽度的限制。针对此问题，提出两种模型改进方法。其一，对于近距离水平不变、远距离水平变化的大区域远程声传播问题，采用简正波理论模型重构近距离声场，用于研究远距离水平变化海底对声传播的影响。其二，建立三维抛物方程模型非均匀网格离散方法，在保持声场计算精度的同时，有效提高声场计算的速度。

5.1　三维直角坐标系下抛物方程模型局限性及其改进方法

5.1.1　三维直角坐标系下抛物方程模型

假设声场的时间因子为 $e^{-i\omega t}$，在直角坐标系下，声波传播满足三维亥姆霍兹方程：

$$\rho \frac{\partial}{\partial x}\left(\frac{1}{\rho}\frac{\partial p}{\partial x}\right) + \rho \frac{\partial}{\partial y}\left(\frac{1}{\rho}\frac{\partial p}{\partial y}\right) + \rho \frac{\partial}{\partial z}\left(\frac{1}{\rho}\frac{\partial p}{\partial z}\right) + k^2 p = 0 \tag{5-1}$$

式中，p 为声压；ρ 为介质密度；k 为介质波数。采用直角坐标系的优点是可以获得均匀网格分辨率的声场结果。按照参考波数 k_0，移除参考相位，声压变量可以采用变量替换：

$$u = p\exp(-ik_0 x)/\alpha \tag{5-2}$$

式中，$k_0 = \omega/c_0$ 为参考波数，c_0 为参考声速；$\alpha = \sqrt{\rho c}$ 为能量守恒修正系数，c 为介质声速。为了获得沿着 x 方向的单向抛物方程，将沿 x 方向变化的环境近似成一系列沿 x 方向不变区域。在每个划分的区域中，可以得出关于 u 的单向抛物方程：

$$\frac{\partial u}{\partial x}=\mathrm{i}k_0\left[-1+\sqrt{1+(n^2-1)+k_0^{-2}\frac{\rho}{\alpha}\frac{\partial}{\partial y}\left(\frac{1}{\rho}\frac{\partial}{\partial y}\alpha\right)+k_0^{-2}\frac{\rho}{\alpha}\frac{\partial}{\partial z}\left(\frac{1}{\rho}\frac{\partial}{\partial z}\alpha\right)}\right]u \quad (5\text{-}3)$$

式中，$n=k/k_0$ 是相对于参考波数 k_0 的折射率。因为式（5-3）是关于 x 的演变方程，通过垂直边界处的强制连续性条件，可以实现方程的步进求解。能量守恒修正系数 α 就是为了保持在每次步进时声场能量守恒。为了简化符号，上式中的亥姆霍兹算子根式采用 $\sqrt{1+Y+Z}$ 代替，其中 Y 和 Z 的表达式如下：

$$Y=w\left(n^2-1\right)+k_0^{-2}\frac{\rho}{\alpha}\frac{\partial}{\partial y}\left(\frac{1}{\rho}\frac{\partial}{\partial y}\alpha\right)$$

$$Z=\left(1-w\right)\left(n^2-1\right)+k_0^{-2}\frac{\rho}{\alpha}\frac{\partial}{\partial z}\left(\frac{1}{\rho}\frac{\partial}{\partial z}\alpha\right)$$

式中，w 是比重系数，介于 0 和 1 之间，用来控制算子 Y 和 Z 中声速分裂的比例。Lin 等[1]将比重系数与网格划分间隔相联系，取 $w=\Delta z/\left(\Delta y+\Delta z\right)$。

在上述符号替换的基础上，式（5-3）可以简化为

$$u\left(x+\Delta x\right)=\mathrm{e}^{\delta\left(-1+\sqrt{1+Y+Z}\right)}u\left(x\right) \quad (5\text{-}4)$$

式中，$\delta=\mathrm{i}k_0\Delta x$。式（5-4）可以直接采用二维 Padé 近似展开指数算子，但在实际求解中需要消耗大量的计算机资源。为了获得精确的结果，Lin 等[1]引入了包含水平算子和深度算子交叉项的根式算子近似方法，如下：

$$\sqrt{1+Y+Z}=-1+\sqrt{1+Y}+\sqrt{1+Z}-\left(-1+\sqrt{1+Y}\right)\left(-1+\sqrt{1+Z}\right)/2$$
$$-\left(-1+\sqrt{1+Z}\right)\left(-1+\sqrt{1+Y}\right)/2 \quad (5\text{-}5)$$

上述近似方法由根式算子在 $\sqrt{1+Y}=1$ 和 $\sqrt{1+Z}=1$ 点处二阶泰勒近似展开获得，公式中保持了算子 Y 和 Z 的不可交换性。经过高阶算子分离的抛物方程变为

$$u\left(x+\Delta x\right)=\mathrm{e}^{\delta\left(-1+\sqrt{1+Y}\right)}\mathrm{e}^{\delta\left(-1+\sqrt{1+Z}\right)}\times\mathrm{e}^{-\delta/2\left[\left(-1+\sqrt{1+Y}\right)\left(-1+\sqrt{1+Z}\right)+\left(-1+\sqrt{1+Z}\right)\left(-1+\sqrt{1+Y}\right)\right]}u\left(x\right) \quad (5\text{-}6)$$

上式中的指数交叉算子可以采用泰勒展开，即

$$\exp\left\{-\frac{\delta}{2}\left[\left(-1+\sqrt{1+Y}\right)\left(-1+\sqrt{1+Z}\right)+\left(-1+\sqrt{1+Z}\right)\left(-1+\sqrt{1+Y}\right)\right]\right\}$$

$$=1+\sum_{m=1}^{\infty}\frac{1}{m!}\left\{-\frac{\delta}{2}\left[\left(-1+\sqrt{1+Y}\right)\left(-1+\sqrt{1+Z}\right)+\left(-1+\sqrt{1+Z}\right)\left(-1+\sqrt{1+Y}\right)\right]\right\}^m$$

$$(5\text{-}7)$$

根据精度要求，可以选择特定的泰勒近似阶数 M。

在抛物方程求解方法中，根式算子通常采用 Padé 近似进行处理。Collins[2]将指数根式算子近似成一系列有理分式连乘的形式，即

$$e^{\delta\left(-1+\sqrt{1+G}\right)} = \prod_{l=1}^{L} \frac{1+a_{l,L}G}{1+b_{l,L}G} \tag{5-8}$$

式中，L 为 Padé 近似的阶数；$a_{l,L}$ 和 $b_{l,L}$ 为 Padé 近似的系数。对于根式算子近似中的非指数根式算子，采用 Milinazzo 等[3]提出的旋转复数 Padé 近似展开成一系列有理分式和的形式，即

$$-1+\sqrt{1+G} = \sum_{l=1}^{L} \frac{a_{l,L}G}{1+b_{l,L}G} \tag{5-9}$$

采用两种根式算子近似公式，可以得出如下的三维宽角抛物方程递推求解步骤：

$$\Delta u_1 = -\frac{\delta}{2}\left(\sum_{l=1}^{L_1} \frac{a_{l,L_1}Y}{1+b_{l,L_1}Y} \sum_{l=1}^{L_2} \frac{a_{l,L_2}Z}{1+b_{l,L2}Z} + \sum_{l=1}^{L_2} \frac{a_{l,L_2}Y}{1+b_{l,L_2}Y} \sum_{l=1}^{L_1} \frac{a_{l,L_1}Z}{1+b_{l,L_1}Z} \right)u(x) \tag{5-10a}$$

$$\Delta u_m = -\frac{\delta}{2m}\left(\sum_{l=1}^{L_1} \frac{a_{l,L_1}Y}{1+b_{l,L_1}Y} \sum_{l=1}^{L_2} \frac{a_{l,L_2}Z}{1+b_{l,L2}Z} + \sum_{l=1}^{L_2} \frac{a_{l,L_2}Y}{1+b_{l,L_2}Y} \sum_{l=1}^{L_1} \frac{a_{l,L_1}Z}{1+b_{l,L_1}Z} \right)\Delta u_{m-1} \quad (m \geqslant 2)$$

$$\tag{5-10b}$$

$$u(x+\Delta x) = \prod_{l=1}^{L_3} \frac{1+a_{l,L_3}Y}{1+b_{l,L_3}Y} \prod_{l=1}^{L_4} \frac{1+a_{l,L_4}Z}{1+b_{l,L_4}Z} \left[\sum_{m=1}^{M} \Delta u_m + u(x) \right] \tag{5-10c}$$

其中，式（5-10a）和式（5-10b）用于计算交叉算子的高阶修正项，计算结果应用式（5-10c）添加到由步长 x 到 $x+\Delta x$ 递推求解过程中。上述迭代算法一个突出的特点是关于坐标 y 和 z 的算子可以分开离散求解，即关于两个坐标偏微分的有限差分形式都是上三角矩阵，易于计算。

三维直角坐标系下抛物方程模型的初始场选取方式与二维抛物方程模型 RAM 的相一致，仅仅在声源垂直线上设置声压值，其他区域设置为 0，即

$$P(x_0, y_0, z) = \sqrt{\frac{2\pi i}{k_0 x_0}} e^{ik_0 x_0} \prod_{j=1}^{n} \frac{1+\alpha_{j,n}Z}{1+\beta_{j,n}Z} \xi(z) \tag{5-11}$$

式中，$\xi(z) = (1+\mu Z)^{-2} \delta(z-z_s)$。

5.1.2　模型的性能检验

为了研究三维直角坐标系下抛物方程模型的性能，仿真分析了下面两种典型

的海洋环境：①ASA 标准楔形波导推广问题（垂直于楔形波导上下坡平面传播）；②Pekeris 波导问题。在分析模型性能时，主要从以下三个方面进行探究：①声场计算的准确性；②声场有效计算的水平角度；③声场有效计算的距离。

1. ASA 标准楔形波导推广问题

ASA 标准楔形波导问题是研究水平变化环境中的标准检验问题，多种方法给出了该问题的理论解析解，可以用来检验声场计算模型的正确性。然而该问题并不能较为充分地检验三维模型的计算精度，因为在上下坡的切面上并没有产生声传播的三维效应。为了检验三维模型的正确性，ASA 标准楔形波导问题经过推广，演变成垂直于楔形平面的横向声传播问题。图 5-1 给出了 ASA 标准楔形波导的结构图，楔形海底楔角为 2.86°，声源位于远离楔角 4km 距离，100m 深度处，声源频率为 25Hz。在无吸收海水中，声速为 1500m/s，密度为 1g/cm^3；在海底中，声速为 1700m/s，密度为 1.5g/cm^3，声吸收系数为 $0.5\text{dB}/\lambda$。下面给出了采用 Lin 等[1]提出的三维直角坐标系下抛物方程模型和虚源方法对该问题进行声场仿真计算的结果。

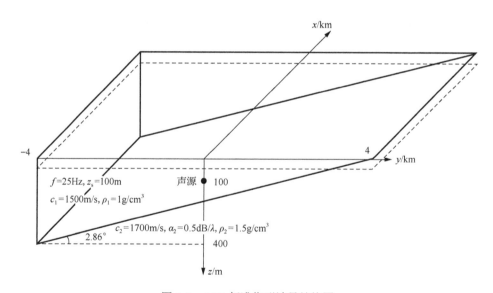

图 5-1　ASA 标准楔形波导结构图

ASA 标准楔形波导中，在垂直于斜坡方向上，三维效应尤其明显，而在斜坡方向上，由于地形的对称性，并不涉及三维声传播效应。图 5-2～图 5-4 给出了 ASA 标准楔形波导声压传播损失结果。可以看出，在声传播三维效应明显的斜坡横向传播方向，三维直角坐标系下抛物方程模型（简记为直角 3DPE）声场计算结果与基于虚源方法的声传播模型声场计算结果吻合得较好，证明该模型求解三维声场的正确性和有效性。然而，在图 5-4 中可以看出，声场计算结果仅仅在一定水平方位角度内准确可靠，无法准确计算整个水平面内的声场，限制了三维模型的实际应用。为了分析抛物方程模型的远距离声场计算结果的稳定性，本章将采用三维抛物方程模型对 Pekeris 波导下的声传播问题进行声场仿真和定量分析。

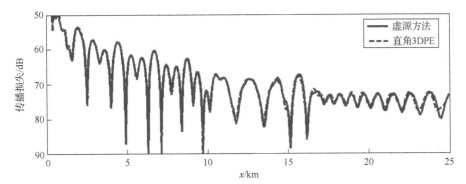

图 5-2 $y=0$、$z=30\text{m}$ 声压传播损失结果（彩图扫封底二维码）

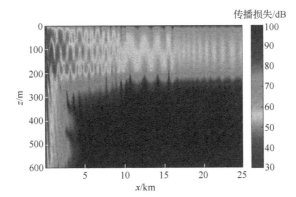

图 5-3 $y=0$ 垂直面声压传播损失分布伪彩图（彩图扫封底二维码）

图 5-4 $z=30\text{m}$ 平面声压传播损失分布伪彩图（彩图扫封底二维码）

2. Pekeris 波导问题

水平不变波导又称 Pekeris 波导,是一种常见的海洋波导,通常用来对声场计算模型进行检验。前面声场仿真结果表明,三维直角抛物方程模型在近场计算角度上存在问题,本节还将揭示该模型在声场计算时存在的另外一个问题:远距离声场计算的受限。

图 5-5 为海水深度为 500m 的 Pekeris 波导示意图,图中提供了波导的环境参数,声源频率为 25Hz,放置在 200m 深度,接收深度为 50m。海水和海底声学参数与上述 ASA 标准楔形波导参数一致。

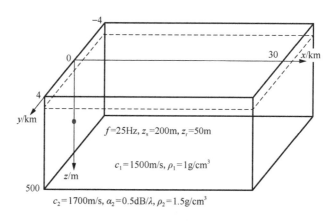

图 5-5　Pekeris 波导示意图

为了定量分析水平 y 方向宽度和吸收层厚度对声场计算结果的影响,采用如下几组不同的设置方式进行仿真比较:

$$\begin{cases} y_{max}=3km, \quad y_{att}=1km \quad (参数1) \\ y_{max}=4km, \quad y_{att}=1km \quad (参数2) \\ y_{max}=5km, \quad y_{att}=1km \quad (参数3) \\ y_{max}=6km, \quad y_{att}=1km \quad (参数4) \\ y_{max}=4km, \quad y_{att}=200m \quad (参数5) \\ y_{max}=4km, \quad y_{att}=2km \quad (参数6) \end{cases}$$

上面几组参数中,y_{max} 为水平 y 方向声场有效计算的最大距离,y_{att} 为水平 y 方向吸收层的厚度。参数的选取方式旨在探究 y 方向声场最大有效距离和吸收层厚度对声场计算结果的影响。

从图 5-6 所示的水平波导声压传播损失分布伪彩图可以明显看出,y 方向声场有效计算宽度比较窄,并且在较远距离上出现声压场的摆动,类似于水波传播时碰到岸边引起的次一级水波扰动。也就是说，水平 y 方向宽度的选取决定了三维直角坐标系下抛物方程模型能否有效计算最大距离，这是由于三维抛物方程模型计算时水平 y 方向无限远边界截断引入声场计算误差，当传播距离较近时边界引起的声场计算累积误差较小，可以忽略；当达到一定传播距离时，边界引起的声场计算累积误差变大，不可忽略，此时声场计算结果受到严重影响。通过图 5-7 中的声压传播损失曲线比较可知，可有效计算最大距离为 y 方向声场有效宽度（不包含吸收层的宽度）的几倍，两者之间存在一定的正比例关系。另外，仿真发现，y 方向吸收层宽度较小时，声场计算结果会产生一定的跳动，当满足十几个波长的厚度，无限制增加，对于可有效计算的最大距离没有影响。表 5-1 给出了声场有效计算的最大距离与 y 方向有限计算距离和吸收层厚度之间大致的关系。

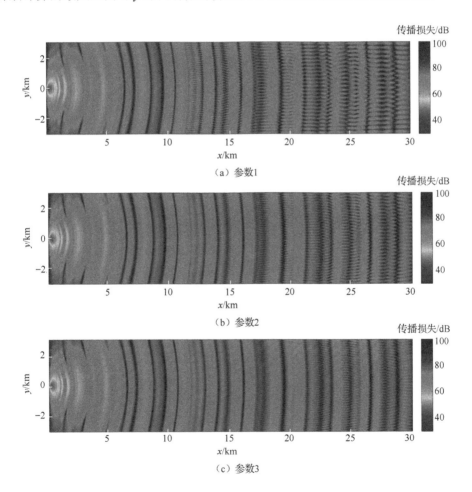

（a）参数1

（b）参数2

（c）参数3

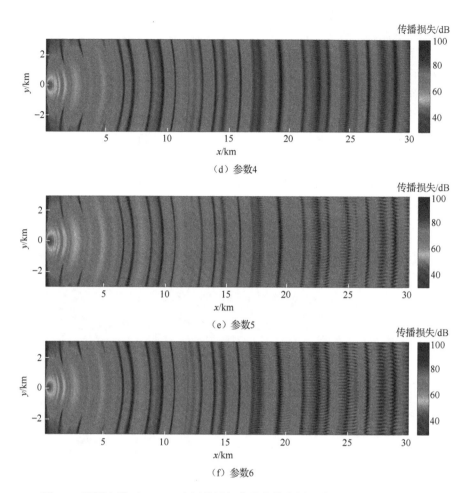

图 5-6 不同参数下 z=30m 声压传播损失分布伪彩图（彩图扫封底二维码）

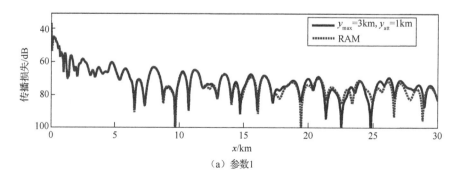

（a）参数1

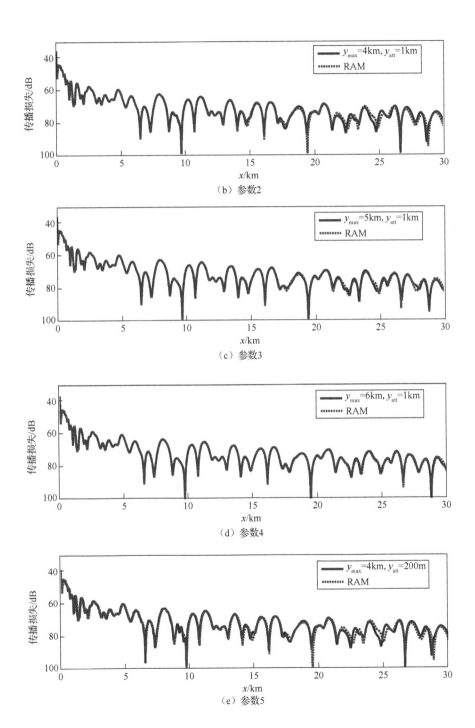

（b）参数2

（c）参数3

（d）参数4

（e）参数5

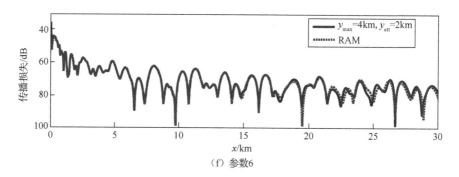

（f）参数6

图 5-7　不同参数下 $y=0$、$z=30m$ 声压传播损失曲线比较（彩图扫封底二维码）

表 5-1　y_{max} 和 y_{att} 不同时声场有效计算的最大距离 x_{max}　　　　单位：km

y_{att} /km	x_{max}			
	y_{max} =3km	y_{max} =4km	y_{max} =5km	y_{max} =6km
1	12	16	20	24
2	12	16	20	24
3	12	16	20	24

5.1.3　简正波-抛物方程联合模型

为了消除累积误差的影响，可以采用其他的声传播模型，例如简正波模型、快速场模型，计算一个垂直面上的声场，作为三维抛物方程模型的初始场。本章采用基于简正波理论的声场预报模型 Kraken 重构抛物方程初始场，实现远距离水平变化波导的声传播特性研究。众所周知，当考虑深海远程声传播问题时，采用三维抛物方程声场计算模型预报声场时，需要设置较大的 y 方向宽度，导致计算时间长，不利于声场快速预报。虽然海洋地形复杂多变，但在考虑低频声波在大尺度海洋环境下声传播问题时，大多数情况下，一定范围内海域可近似为水平海底。此时，使用三维抛物方程模型消耗大量的时间计算水平海底声传播问题是没有必要的。为了减少计算时间，本章通过经典的简正波模型，计算一定距离平面上的声场，作为远距离水平变化海底声场计算的初始场，然后采用三维抛物方程模型的递推方法计算声场，这种处理方式可以在保持计算精度的同时提高计算效率。

1. Pekeris 波导下的简正波解

在 Pekeris 波导中，谐和点源的声传播满足下面的亥姆霍兹方程：

$$\frac{1}{r}\frac{\partial}{\partial r}\left(r\frac{\partial p}{\partial r}\right)+\rho(z)\frac{\partial}{\partial z}\left[\frac{1}{\rho(z)}\frac{\partial p}{\partial z}\right]+\frac{\omega^2}{c^2(z)}p=-\frac{\delta(z-z_\mathrm{s})\delta(r)}{2\pi r} \quad (5\text{-}12)$$

在水平不变环境下，上述方程的齐次形式可以采用分离变量方法进行求解。取 $p(r,z)=Z(z)R(r)$，齐次方程可以化成

$$\frac{1}{r}\frac{\partial}{\partial r}\left(r\frac{\partial R}{\partial r}\right)+\left[\rho\frac{\partial}{\partial z}\left(\frac{1}{\rho}\frac{\partial Z}{\partial z}\right)+\frac{\omega^2}{c^2}\right]=0 \quad (5\text{-}13)$$

上式等号左端的两部分分别是关于 r 和 z 的函数。因此，为了满足等式成立，可能的方式就是每一部分的结果都是一个常数。假设这个常数是 k^2，可以得到本征模态方程：

$$\rho\frac{\partial}{\partial z}\left(\frac{1}{\rho}\frac{\partial Z}{\partial z}\right)+\left(\frac{\omega^2}{c^2}-k^2\right)Z=0 \quad (5\text{-}14)$$

在 Pekeris 波导中，声波传播满足两个边界条件，海面压力释放边界条件和半无限海底辐射边界条件。海面边界条件容易给出，但无限大辐射边界条件难以采用公式体现，因此寻求一种合适的海水-海底阻抗边界条件进行替代。

假设海水深度为 H，海水中的声速和密度分别为 c 和 ρ，海底的声速和密度分别为 c_b 和 ρ_b。在半无限海底，声波的传播只有向 z 坐标正向传播的声波，表达式可以写成

$$Z_\mathrm{b}(z)=A\mathrm{e}^{-\gamma_\mathrm{b}(k^2)z} \quad (5\text{-}15)$$

式中，$\gamma_\mathrm{b}\left(k^2\right)=\sqrt{k^2-\omega^2/c_\mathrm{b}^2}$。

在海水-海底界面处，声波传播满足声压连续和法向质点振速连续，即

$$Z(H)=A\mathrm{e}^{-\gamma_\mathrm{b}(k^2)H} \quad (5\text{-}16\mathrm{a})$$

$$\frac{Z'(H)}{\rho}=-A\frac{\gamma_\mathrm{b}(k^2)\mathrm{e}^{-\gamma_\mathrm{b}(k^2)H}}{\rho_\mathrm{b}} \quad (5\text{-}16\mathrm{b})$$

联立上述两个方程，可以得到本征函数 $Z(z)$ 满足的阻抗边界条件：

$$\frac{\rho Z(H)}{Z'(H)}=-\frac{\rho_\mathrm{b}}{\gamma_\mathrm{b}\left(k^2\right)} \quad (5\text{-}17)$$

因此，Pekeris 波导中的本征值模态问题可以写为

$$\begin{cases} \dfrac{\partial^2 Z(z)}{\partial z^2} + \left(\dfrac{\omega^2}{c^2} - k^2 \right) Z(z) = 0 \\[3mm] Z(0) = 0 \\[3mm] f(k^2) Z(H) + \dfrac{g(k^2)}{\rho} Z'(H) = 0 \end{cases} \tag{5-18}$$

式中，

$$f(k^2) = 1; \quad g(k^2) = \rho_{\text{b}} / \sqrt{k^2 - \omega^2 / c_{\text{b}}^2}$$

由上面的表达式可以看出，在海水-海底阻抗边界条件中包含本征值 k^2，直接求解比较困难。因此，采用谱积分方法进行求解。声压可以表示成如下积分表达式：

$$\begin{aligned} p(r,z) &= \frac{1}{2\pi} \int_0^{+\infty} G(z, z_{\text{s}}; k) \mathrm{J}_0(kr) k \, \mathrm{d}k \\ &= \frac{1}{4p} \int_{-\infty}^{+\infty} G(z, z_{\text{s}}; k) \mathrm{H}_0^{(1)}(kr) k \, \mathrm{d}k \end{aligned} \tag{5-19}$$

式中，J_0 为零阶第一类贝塞尔函数；格林函数 $G(z, z_{\text{s}}; k)$ 满足

$$\begin{cases} \rho(z) \left[\dfrac{1}{\rho(z)} G'(z) \right]' + \left[\dfrac{\omega^2}{c^2(z)} - k^2 \right] G(z) = \delta(z - z_{\text{s}}) \\[3mm] f^{\text{T}}(k^2) G(0) + \dfrac{g^{\text{T}}(k^2)}{\rho(0)} G'(0) = 0 \\[3mm] f^{\text{B}}(k^2) G(H) + \dfrac{g^{\text{T}}(k^2)}{\rho(H)} G'(H) = 0 \end{cases} \tag{5-20}$$

式中，上角标 T 和 B 分别表示上边界和下边界。

对上述问题，采用留数定理和割线积分，最终可以获得声压场的表达式为

$$p(r,z) = \frac{\mathrm{i}}{4\rho(z_{\text{s}})} \sum_{m=1}^{M} Z_m(z_{\text{s}}) Z_m(z) H_0^{(1)}(k_m r) - \int_{C_{\text{EJP}}} \tag{5-21}$$

式中，$\int_{C_{\text{EJP}}}$ 代表割线积分项，在二维简正波模型 Kraken 中，忽略该积分对声场的贡献。在 Pekeris 波导中，海水层满足压力释放表面，本征函数可以表示成下面的形式：

$$Z(z) = B \sin \gamma z \tag{5-22}$$

式中，$\gamma = \sqrt{\omega^2 / c^2 - k^2}$。

为了获得满足海底边界的非平凡解，采用如下频散方程求解本征值：

$$-\tan\gamma H = \frac{\gamma}{\gamma_{\mathrm{b}}} \qquad (5\text{-}23)$$

将本征值和本征函数表达式代入声压场表达式可以计算得出 Pekeris 波导中任意位置的声场结果。

假设传播距离 $x < x_0$ 时海底地形为水平不变海底，当传播距离 $x > x_0$ 时海底地形为水平变化海底，此时可以通过简正波模型计算 $x = x_0$ 处声场。假设简正波模型计算得到的声压值为 $P_{\mathrm{NM}}(r,z)$，此时三维抛物方程模型递推变量 u 满足

$$u(x_0,y,z) = P_{\mathrm{NM}}\left(\sqrt{x_0^2+y^2},z\right) \Big/ \sqrt{\rho(x_0,y,z)c(x_0,y,z)} \qquad (5\text{-}24)$$

为了分析此方法的可行性，对水平波导进行了仿真计算。图 5-8 给出了水平波导声压传播损失计算结果。比较声压传播损失曲线可知，采用基于简正波理论的声传播模型重构抛物方程初始场可以有效计算远距离声场，该模型声场计算结果与 RAM 模型计算结果一致，并且声压传播损失分布伪彩图显示，在一定范围内边界截断引入的累积误差可以忽略。

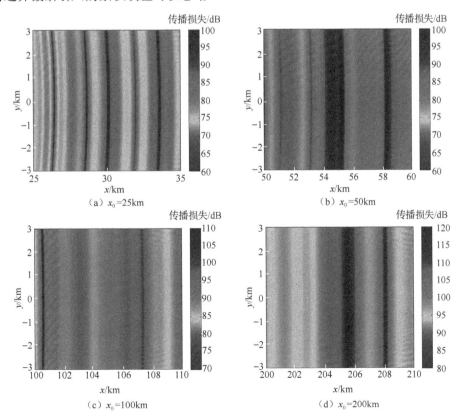

（a）$x_0 = 25\mathrm{km}$　　　　　　　　　　（b）$x_0 = 50\mathrm{km}$

（c）$x_0 = 100\mathrm{km}$　　　　　　　　　　（d）$x_0 = 200\mathrm{km}$

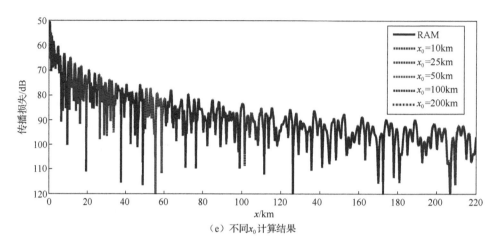

（e）不同x_0计算结果

图 5-8　改进模型水平波导声压传播损失结果（z=30m）（彩图扫封底二维码）

2. 数值仿真与分析

下面采用改进的模型研究了远距离楔形波导中声传播问题，发现了远距离楔形波导存在声场能量增强效应。图 5-9 给出了远距离楔形波导结构图，并标注了海洋声学参数，此种波导与大陆架过渡海域的地形参数是一致的。图 5-10 和图 5-11 给出了三维声场计算结果。

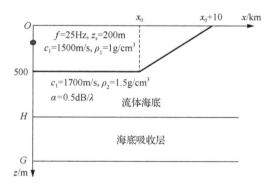

图 5-9　远距离楔形波导结构图

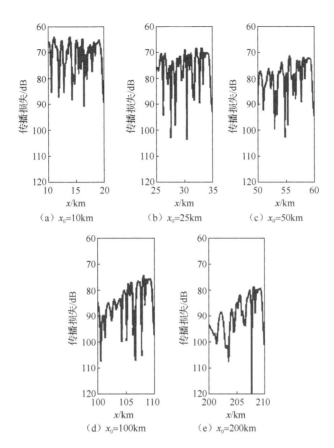

图 5-10 不同 x_0 下改进模型远距离楔形波导在 $y=0$、$z=30\mathrm{m}$ 处声压传播损失曲线

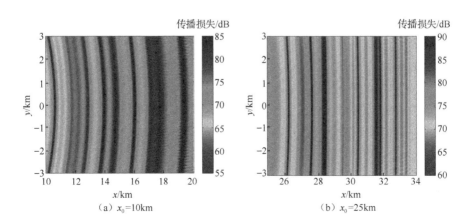

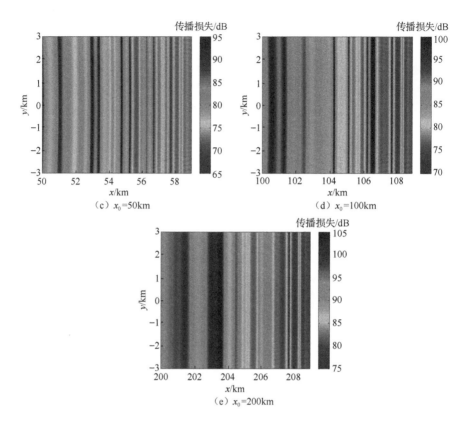

图 5-11 改进模型远距离楔形波导声压传播损失分布伪彩图（z=30m）（彩图扫封底二维码）

从图 5-10 和图 5-11 远距离楔形波导声压传播损失结果可以看出，随着水平波导距离 x_0 的增加，楔形波导内声强随传播距离的变化有所不同。水平段长短将影响其末端声压强弱及随距离变化快慢的不同，从而形成斜坡区声压变化的不同。从不同距离声压传播损失分布伪彩图可以明显看出，声波在远距离楔形波导中的传播具有能量增强效应。这是因为声波在水平波导中传播时，随着传播距离的逐渐增加，波导中对声场起作用的简正波个数变少，低阶简正波所占的能量比重变大，能量较强的低阶简正波起主要作用；当传播到楔形海域时，随着海水深度的不断减小，高阶简正波不断截止，主要体现能量比重较大的低阶简正波的传播，因而表现出远距离楔形波导的能量增强效应。

5.1.4　三维抛物方程非均匀网格离散模型

1. 非均匀 Galerkin 离散方法

Galerkin 离散方法是一种数值分析理论，采用该方法可以将求解微分方程的问题（根据方程所对应泛函的变分原理）转化成为求解线性方程组的问题。同时，一个高维、多变量的线性方程组又可以使用线性代数方法进行简化，从而达到解微分方程的目的。Galerkin 离散方法采用微分方程的弱形式，其原理为通过选择有限多项势函数（基函数或形函数），并将它们叠加，同时要求结果在求解域内及边界上加权积分满足原方程，便可以得到一组自动满足边界条件、易于求解的线性代数方程。

为了提高三维直角坐标系下抛物方程模型的计算速度，在水平 y 方向和深度 z 方向均采用非均匀 Galerkin 离散方法[4]，即以基函数来渐近表示相应的函数或者算子：

$$\psi(z) \approx \sum_i \psi_i H_i(z) \tag{5-25a}$$

$$\phi(z) \approx \sum_i \phi_i H_i(z) \tag{5-25b}$$

式中，$i = 1, 2, 3, \cdots, N$ 表示深度上的离散点数；选取的基函数 $H_1(z), H_2(z)$，$H_3(z), \cdots, H_{i-1}(z), H_i(z), H_{i+1}(z), \cdots$ 满足

$$H_i(z) = \begin{cases} 0 & (z < z_{i-1}) \\ \dfrac{z - z_{i-1}}{z_i - z_{i-1}} & (z_{i-1} \leqslant z < z_i) \\ \dfrac{z_{i+1} - z}{z_{i+1} - z_i} & (z_i \leqslant z < z_{i+1}) \\ 0 & (z_{i+1} \leqslant z) \end{cases} \tag{5-26}$$

在网格点 z_i 处，定义非均匀网格间隔 $h_i = z_i - z_{i-1}$，根据 Galerkin 理论，深度或水平方向上的算子或函数 Q 作用到 ϕ 函数上，存在着如下的近似计算关系：

$$Q\phi\big|_{z=z_i} = \frac{\int H_i Q\phi \mathrm{d}z}{\int H_i \mathrm{d}z} \tag{5-27}$$

采用上述公式，可以得到不同微分算子作用下函数的离散公式。下面以深度方向微分算子 $\dfrac{\partial \psi}{\partial z} \dfrac{\partial \phi}{\partial z}$ 为例，进行离散化公式推导。

$$\left.\frac{\partial \psi}{\partial z}\frac{\partial \phi}{\partial z}\right|_{z=z_i}=\frac{\int H_i\left(\partial_z\psi\right)\left(\partial_z\phi\right)\mathrm{d}z}{\int H_i\mathrm{d}z} \tag{5-28}$$

对公式右端分母和分子分别进行求解。

分母：

$$\int H_i\mathrm{d}z=\frac{h_i+h_{i+1}}{2} \tag{5-29}$$

分子：

$$\begin{aligned}
\int H_i\left(\partial_z\psi\right)\left(\partial_z\phi\right)\mathrm{d}z=&\int_{z_{i-1}}^{z_i}H_i\left[\psi_{i-1}\left(\partial_zH_{i-1}\right)+\psi_i\left(\partial_zH_i\right)\right]\phi_{i-1}\left(\partial_zH_{i-1}\right)\mathrm{d}z\\
&+\int_{z_{i-1}}^{z_i}H_i\left[\psi_{i-1}\left(\partial_zH_{i-1}\right)+\psi_i\left(\partial_zH_i\right)\right]\phi_i\left(\partial_zH_i\right)\mathrm{d}z\\
&+\int_{z_i}^{z_{i+1}}H_i\left[\psi_i\left(\partial_zH_i\right)+\psi_{i+1}\left(\partial_zH_{i+1}\right)\right]\phi_i\left(\partial_zH_i\right)\mathrm{d}z\\
&+\int_{z_i}^{z_{i+1}}H_i\left[\psi_i\left(\partial_zH_i\right)+\psi_{i+1}\left(\partial_zH_{i+1}\right)\right]\phi_{i+1}\left(\partial_zH_{i+1}\right)\mathrm{d}z
\end{aligned} \tag{5-30}$$

式中，

$$\begin{aligned}
&\int_{z_{i-1}}^{z_i}H_i\left[\psi_{i-1}\left(\partial_zH_{i-1}\right)+\psi_i\left(\partial_zH_i\right)\right]\phi_{i-1}\left(\partial_zH_{i-1}\right)\mathrm{d}z\\
&=\phi_{i-1}\int_{z_{i-1}}^{z_i}\frac{-1}{z_i-z_{i-1}}\left[\frac{z-z_{i-1}}{z_i-z_{i-1}}\left(\psi_{i-1}\frac{-1}{z_i-z_{i-1}}+\psi_i\frac{1}{z_i-z_{i-1}}\right)\right]\mathrm{d}z\\
&=\frac{\psi_{i-1}-\psi_i}{2h_i}\phi_{i-1}
\end{aligned} \tag{5-31}$$

$$\begin{aligned}
&\int_{z_{i-1}}^{z_i}H_i\left[\psi_{i-1}\left(\partial_zH_{i-1}\right)+\psi_i\left(\partial_zH_i\right)\right]\phi_i\left(\partial_zH_i\right)\mathrm{d}z\\
&=\phi_i\int_{z_{i-1}}^{z_i}\frac{1}{z_i-z_{i-1}}\left[\frac{z-z_{i-1}}{z_i-z_{i-1}}\left(\psi_{i-1}\frac{-1}{z_i-z_{i-1}}+\psi_i\frac{1}{z_i-z_{i-1}}\right)\right]\mathrm{d}z\\
&=\frac{\psi_i-\psi_{i-1}}{2h_i}\phi_i
\end{aligned} \tag{5-32}$$

$$\begin{aligned}
&\int_{z_i}^{z_{i+1}}H_i\left[\psi_i\left(\partial_zH_i\right)+\psi_{i+1}\left(\partial_zH_{i+1}\right)\right]\phi_i\left(\partial_zH_i\right)\mathrm{d}z\\
&=\phi_i\int_{z_i}^{z_{i+1}}\frac{-1}{z_{i+1}-z_i}\left[\frac{z_{i+1}-z}{z_{i+1}-z_i}\left(\psi_i\frac{-1}{z_{i+1}-z_i}+\psi_{i+1}\frac{1}{z_{i+1}-z_i}\right)\right]\mathrm{d}z\\
&=\frac{\psi_i-\psi_{i+1}}{2h_{i+1}}\phi_i
\end{aligned} \tag{5-33}$$

$$\int_{z_i}^{z_{i+1}} H_i \Big[\psi_i (\partial_z H_i) + \psi_{i+1} (\partial_z H_{i+1}) \Big] \phi_{i+1} (\partial_z H_{i+1}) \mathrm{d}z$$

$$= \phi_{i+1} \int_{z_i}^{z_{i+1}} \frac{1}{z_{i+1} - z_i} \left[\frac{z_{i+1} - z}{z_{i+1} - z_i} \left(\psi_i \frac{-1}{z_{i+1} - z_i} + \psi_{i+1} \frac{1}{z_{i+1} - z_i} \right) \right] \mathrm{d}z$$

$$= \frac{\psi_{i+1} - \psi_i}{2h_{i+1}} \phi_{i+1} \tag{5-34}$$

因此，可以得到

$$\frac{\partial \psi}{\partial z} \frac{\partial \phi}{\partial z} \bigg|_{z=z_i} = \frac{\psi_{i-1} - \psi_i}{h_i (h_i + h_{i+1})} \phi_{i-1} + \left[\frac{-\psi_{i-1} + \psi_i}{h_i (h_i + h_{i+1})} + \frac{\psi_i - \psi_{i+1}}{h_{i+1} (h_i + h_{i+1})} \right] \phi_i + \frac{-\psi_i + \psi_{i+1}}{h_{i+1} (h_i + h_{i+1})} \phi_{i+1}$$

$$\tag{5-35}$$

采用相同的推导方法，可以得出以下几组常用的算子非均匀 Galerkin 离散公式：

$$\psi \phi \big|_{z=z_i} = \frac{h_i (\psi_{i-1} + \psi_i)}{6 (h_i + h_{i+1})} \phi_{i-1} + \frac{h_i (\psi_{i-1} + 3\psi_i) + h_{i+1} (3\psi_i + \psi_{i+1})}{6 (h_i + h_{i+1})} \phi_i + \frac{h_{i+1} (\psi_i + \psi_{i+1})}{6 (h_i + h_{i+1})} \phi_{i+1}$$

$$\tag{5-36}$$

$$\psi \frac{\partial \phi}{\partial z} \bigg|_{z=z_i} = \frac{-\psi_{i-1} - 2\psi_i}{3 (h_i + h_{i+1})} \phi_{i-1} + \frac{\psi_{i-1} - \psi_{i+1}}{3 (h_i + h_{i+1})} \phi_i + \frac{2\psi_i + \psi_{i+1}}{3 (h_i + h_{i+1})} \phi_{i+1} \tag{5-37}$$

$$\psi \frac{\partial^2 \phi}{\partial z^2} \bigg|_{z=z_i} = \frac{\psi_i}{2h_i (h_i + h_{i+1})} \phi_{i-1} - \frac{\psi_i}{2h_i h_{i+1}} \phi_i + \frac{\psi_i}{2h_{i+1} (h_i + h_{i+1})} \phi_{i+1} \tag{5-38}$$

$$\frac{\partial \psi}{\partial z} \phi \bigg|_{z=z_i} = \frac{-\psi_{i-1} + \psi_i}{3 (h_i + h_{i+1})} \phi_{i-1} + \frac{-2\psi_{i-1} + 2\psi_{i+1}}{3 (h_i + h_{i+1})} \phi_i + \frac{-\psi_i + \psi_{i+1}}{3 (h_i + h_{i+1})} \phi_{i+1} \tag{5-39}$$

$$\frac{\partial}{\partial z} \left(\frac{\partial \psi}{\partial z} \phi \right) \bigg|_{z=z_i} = \frac{\psi_{i-1} - \psi_i}{h_i (h_i + h_{i+1})} \phi_{i-1} + \left[\frac{\psi_{i-1} - \psi_i}{h_i (h_i + h_{i+1})} + \frac{-\psi_i + \psi_{i+1}}{h_{i+1} (h_i + h_{i+1})} \right] \phi_i + \frac{-\psi_i + \psi_{i+1}}{h_{i+1} (h_i + h_{i+1})} \phi_{i+1}$$

$$\tag{5-40}$$

$$\frac{\partial}{\partial z} \left(\frac{\partial \psi}{\partial z} \frac{\partial \phi}{\partial z} \right) \bigg|_{z=z_i} = \frac{-\psi_{i-1} + \psi_i}{2 (h_i)^2 (h_i + h_{i+1})} \phi_{i-1} + \left[\frac{\psi_{i-1} - \psi_i}{2 (h_i)^2 (h_i + h_{i+1})} + \frac{\psi_i - \psi_{i+1}}{2 (h_{i+1})^2 (h_i + h_{i+1})} \right] \phi_i$$

$$+ \frac{-\psi_i + \psi_{i+1}}{2 (h_i)^2 (h_i + h_{i+1})} \phi_{i+1} \tag{5-41}$$

2. 三维抛物方程模型非均匀网格离散方法

虽然采用基于简正波理论的声传播模型改进的三维抛物方程模型可用于分析远程声传播特性，但只适用于特定海域，为了对于任意的远距离声传播问题都适用，本章提出了三维抛物方程模型非均匀网格离散方法。通常，抛物方程声场计算模型在深度算子 Z 和水平算子 Y 上采用均匀网格 Galerkin 离散。相比流行的非均匀网格以及无网格等数值方法，这种只能采用固定网格大小离散的方法无疑会显得不够灵活且低效。对于抛物方程模型来说，对计算精度的影响比较关键的区域是海水和海底边界处。这可以从有限差分理论理解，分界面处上下两个离散网格点处的声学物理参数相差较大。而利用有限差分法进行离散的深度算子的数值逼近程度将受到网格大小的直接影响，网格选取得越大，截断误差也就越大，这样带来的直接后果往往是声场计算结果不稳定。为了避免这一结果，常用的办法是在深度方向上采用间距 Δz 非常小的网格进行差分近似。

在实际的海洋环境中，介质参数并非在整个深度方向上都是剧烈变化的。对于大多数缓慢变化的区域，往往采用较大的网格间距进行离散，同样可以保证差分的精度。高效率的分裂-步进高阶 Padé 近似方法允许大间距的网格划分，通常可以大于一倍波长，可以理解为，在一些介质参数变化缓慢的区域，只要深度方向上的离散网格间距 Δz 不大于分裂-步进 Padé 近似方法允许的最大网格间距，就可以保证声场计算精度。这样不仅可以减少深度方向上的网格密度，在水平方向步进过程中同样可以大大地减小整个声场计算剖面的网格数量，从而提高计算效率。

为了分析非均匀网格离散方法的有效性，分别对深度 z 方向和水平 y 方向采用不同网格划分方法，采用下面几种离散方式：

$$
\begin{cases}
dz=5\text{m} & (0 \leqslant z \leqslant 2000\text{m}) & (A_z) \\
dz=1\text{m} & (0 \leqslant z \leqslant 2000\text{m}) & (B_z)
\end{cases}
$$

$$
\begin{cases}
dz=5\text{m} & (0 \leqslant z < 490\text{m}) \\
dz=1\text{m} & (490\text{m} \leqslant z < 510\text{m}) \\
dz=4\text{m} & (510\text{m} \leqslant z < 550\text{m}) \\
dz=25\text{m} & (550\text{m} \leqslant z \leqslant 2000\text{m})
\end{cases}
(C_z) \qquad (5\text{-}42)
$$

$$
\begin{cases}
dz=5\text{m} & (0 \leqslant z < 550\text{m}) \\
dz=25\text{m} & (550\text{m} \leqslant z \leqslant 2000\text{m})
\end{cases}
(D_z)
$$

$$\begin{cases} dy=10\text{m} & (|y| \leqslant 6\text{km}) & (A_y) \\ \begin{cases} dy=10\text{m} & (|y| < 5\text{km}) \\ dy=25\text{m} & (5\text{km} \leqslant |y| \leqslant 6\text{km}) \end{cases} (B_y) \\ \begin{cases} dy=10\text{m} & (|y| < 4\text{km}) \\ dy=25\text{m} & (4\text{km} \leqslant |y| \leqslant 6\text{km}) \end{cases} (C_y) \end{cases} \quad (5\text{-}43)$$

首先对水平波导进行声场仿真,图 5-12 给出了不同网格划分组合下的声场计算结果。

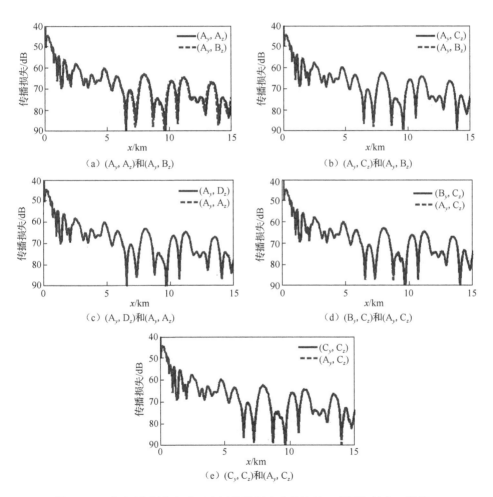

（a）(A_y, A_z)和(A_y, B_z) （b）(A_y, C_z)和(A_y, B_z)

（c）(A_y, D_z)和(A_y, A_z) （d）(B_y, C_z)和(A_y, C_z)

（e）(C_y, C_z)和(A_y, C_z)

图 5-12 不同网格划分方式下声压传播损失曲线比较（彩图扫封底二维码）

通过不同网格划分组合下声场计算结果比较图可以看出，采用非均匀网格离散方法，可以在保持声场计算精度的同时，减少网格划分个数，提高计算速度。表 5-2 给出了不同网格划分组合下声场计算时间。可以看出，采用非均匀网格划分方法，在保持计算精度的同时，可以将计算速度提高 10 倍。通过对 y 方向网格非均匀离散，在有效减少计算机使用内存的同时，减少了声场计算时间，并且网格划分灵活，易于实现，可实现三维远距离声场的快速准确预报。图 5-13 给出了三维非均匀网格抛物方程模型远距离声场计算结果，传播距离为 80km，网格划分为

$$\begin{cases} dy=10m & (|y|<4km) \\ dy=25m & (4km \leqslant |y| \leqslant 30km) \end{cases}$$

$$\begin{cases} dz=5m & (0 \leqslant z<490m) \\ dz=1m & (490m \leqslant z<510m) \\ dz=4m & (510m \leqslant z<550m) \\ dz=25m & (550m \leqslant z \leqslant 2000m) \end{cases}$$

表 5-2　声场计算时间　　　　　　　　　　　单位：s

y 方向间隔	不同 z 方向间隔时的声场计算时间			
	A_z	B_z	C_z	D_z
A_y	8435.96	42311.9	4592.73	4296.75
B_y	—	—	4490.52	—
C_y	—	—	4164.07	—

相比于水平不变或者变化尺度小、地形变化跨度大的波导，例如楔形波导（地形变化为整个深度），非均匀网格划分有所限制，但仍然可以有效提高计算速度。划分方式为海水采用细网格，海底和吸收层采用粗网格。图 5-14 给出了楔形波导的非均匀网格划分声场计算结果，可以满足计算精度的要求。

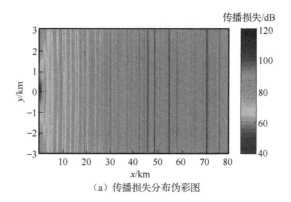

（a）传播损失分布伪彩图

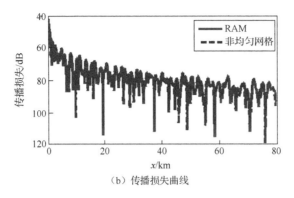

（b）传播损失曲线

图 5-13 采用非均匀网格算法计算得到的远距离水平波导传播损失结果（彩图扫封底二维码）

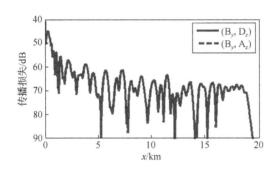

图 5-14 采用非均匀网格算法得到的楔形波导声压传播损失曲线（彩图扫封底二维码）

5.2 完全匹配层技术在抛物方程模型中的应用

在海洋波导中，海底层通常视为半无限空间，声波传播满足无限远辐射边界条件，即海底并不存在反射声波。然而，抛物方程作为一种数值计算方法，计算域的范围必须为有限的，因此，需要对无限大空间域进行截断，这种处理方式势必引入来自海底的附加反射声波。为了减小这种影响，可用一些技术用来消除附加反射声波的能量。传统上，抛物方程模型采用人工吸收层（artificial absorbing layer，ABL）技术截断无限域空间，模拟无限远辐射边界条件[5]。为了达到理想的计算精度，海洋波导模型中的海底层和人工吸收层的层厚要达到几个甚至几十个波长，对于低频声传播问题，这两层的厚度需要上千米甚至几千米，限制了声场预报的速度。因此，人工吸收层并不是高效地处理无限大辐射边界的方法。为了弥补人工吸收层截取无限区域时厚度大的缺点，可以寻求另外一种无限远边界处理的方法：完全匹配层（perfectly matched layer，PML）技术。完全匹配层是一种高效截断无限大空间、减小附加反射的技术。最初，该技术用于解决时域电磁波传播问题[6]，随后，又被引入频域中用来求解麦克斯韦方程[7]。完全匹配层技术的核心是复数坐标变换，该变换可以使来自截断区域的附加反射波幅值趋向于零，消除反射声波对全波场的影响。

　　本节将重点讨论完全匹配层技术在水声抛物方程中的应用。首先介绍完全匹配层基本理论，并分析其在处理无限大辐射边界的基本原理。其次将完全匹配层技术应用于二维高阶流体抛物方程模型、二维弹性抛物方程模型和三维直角坐标系下抛物方程模型，研究结果表明，在处理无限大辐射边界时，相比于人工吸收层，完全匹配层技术需要添加的厚度更小，可以减少声场计算域的大小，在保持声场计算精度的同时，有效地提高抛物方程模型计算声场的速度。

5.2.1　完全匹配层基本理论

　　在海洋波导中，海底层通常可以视为半无限空间。声波在海底传播时不存在来自无限远处海底的反射波，满足无限远辐射边界条件。抛物方程等数值计算方法，在处理无限远辐射边界时，通常将深度域进行截断。完全匹配层技术作为一种高效的截断无限域的方法，可以引入较小的附加反射。

　　对于二维声传播问题，在海底区域，沿着深度 z 正向传播的声波可以表示成

$$u_{+z}\left(r,z\right)=\mathrm{e}^{\mathrm{i}\left(k_r r+k_z z\right)} \tag{5-44}$$

式中，$\left(k_r,k_z\right)$ 是波传播矢量，满足 $k_r^2+k_z^2=k^2$，$k_z>0$；时间因子 $\mathrm{e}^{-\mathrm{i}\omega t}$ 已经省略。

　　如图 5-15 所示，假设无限大海底在有限深度 $z=G$ 截断，将深度方向划分为两部分区域 $(0,H)$ 和 (H,G)。区域 $(0,H)$ 包含海水层和海底层，为需要计算声场分布的区域。而区域 (H,G) 为完全匹配层，用来处理无限大辐射边界。在完全匹配层中，海洋环境参数的选取与海底层保持一致，即相同的声速、密度、声吸收系数等。

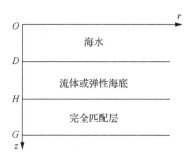

图 5-15　二维抛物方程模型中完全匹配层配置图

由于无限大辐射边界的截断，必然引起反射波的产生。此时，全波方程可以表示成如下前向波和反射波叠加的形式：

$$u(r,z)=u_{+z}(r,z)+u_{-z}(r,z)=\mathrm{e}^{\mathrm{i}k_r r}\left(\mathrm{e}^{\mathrm{i}k_z z}+R\,\mathrm{e}^{-\mathrm{i}k_z z}\right) \tag{5-45}$$

式中，u_{-z} 为反射波解；R 为反射系数。为了使得声场计算结果不变，在截断深度 G 处，声波传播必须满足狄利克雷边界条件，即

$$u(r,G)=0 \tag{5-46}$$

完全匹配层技术中一个核心的理论就是复数坐标变换方法，该方法可以实现数学上声波反射系数趋于零。采用如下的深度坐标复数化变换：

$$\hat{z}=z+\mathrm{i}\int_0^z \sigma(z)\mathrm{d}z \tag{5-47}$$

式中，函数 $\sigma(z)$ 满足

$$\begin{cases} \sigma(z)=0 & (0<z\leqslant H) \\ \sigma(z)>0 & (H<z\leqslant G) \end{cases} \tag{5-48}$$

对上面的复数坐标形式两端取微分，可以得到微分变换公式：

$$\partial\hat{z}=\left[1+\mathrm{i}\sigma(z)\right]\partial z \tag{5-49}$$

根据全波公式和狄利克雷边界条件可以得出声波反射系数的表达式：

$$|R|=\mathrm{e}^{-2k_z\int_H^G \sigma(z)\mathrm{d}z} \tag{5-50}$$

为了使得反射波对声场的影响较小，必须使得反射系数趋向于零。可以看出，只要函数 $\sigma(z)$ 选择合适并且足够大，可以达到反射波声压值足够小。为了有效改善完全匹配层的性能，本章采用另外一种更加高效的复数坐标变换方法[8]，表达式如下：

$$\hat{z}=z+\int_0^z\left[\mathrm{i}\sigma(z)+\gamma(z)\right]\mathrm{d}z \tag{5-51}$$

式中，函数 $\gamma(z)$ 的取值方式与函数 $\sigma(z)$ 相一致。

5.2.2　完全匹配层技术在二维流体抛物方程模型中的应用

1. 基本理论

在二维理想流体环境下，水下声波传播满足二维柱坐标系下亥姆霍兹方程：

$$\frac{\partial^2 P}{\partial r^2}+\frac{1}{r}\frac{\partial P}{\partial r}+\rho\frac{\partial}{\partial z}\left(\frac{1}{\rho}\frac{\partial P}{\partial z}\right)+k^2 P=0 \tag{5-52}$$

在中远距离声传播问题中，声波传播波阵面近似以柱面波的形式，其能量幅值近似正比于$1/r$。为了消除柱面扩展项，因此采用变量替换$p=\sqrt{r}P$，可以得出关于变量p的方程：

$$\frac{\partial^2 p}{\partial r^2}+\rho\frac{\partial}{\partial z}\left(\frac{1}{\rho}\frac{\partial p}{\partial z}\right)+k^2 p+\frac{p}{4r^2}=0 \tag{5-53}$$

假设声场求解满足远场条件，并采用能量守恒修正，令$u=p/\alpha$（$\alpha=\sqrt{\rho c}$为能量守恒修正系数[9-13]），可以得出关于u的方程：

$$\frac{\partial^2 u}{\partial r^2}+\frac{\rho}{\alpha}\frac{\partial}{\partial z}\left(\frac{\alpha}{\rho}\frac{\partial u}{\partial z}\right)+k^2 u=0 \tag{5-54}$$

将式（5-51）所示的复数坐标变换方法代入式（5-54）可得

$$\frac{\partial^2 u}{\partial r^2}+\frac{\rho}{\hat{\alpha}}\frac{\partial}{\partial z}\left(\frac{1}{\hat{\rho}}\frac{\partial \alpha u}{\partial z}\right)+k^2 u=0 \tag{5-55}$$

式中，$k=\omega/c$；$\hat{\alpha}=\alpha(1+\gamma+\mathrm{i}\sigma)$；$\hat{\rho}=\rho(1+\gamma+\mathrm{i}\sigma)$。

为了简化后面的推导过程，将式（5-55）写为算子表达式：

$$\left[\frac{\partial^2}{\partial r^2}+k_0^2\left(1+\hat{X}\right)\right]u=0 \tag{5-56}$$

式中，深度算子$\hat{X}=k_0^{-2}\left[\frac{\rho}{\hat{\alpha}}\frac{\partial}{\partial z}\left(\frac{1}{\hat{\rho}}\frac{\partial \alpha}{\partial z}\right)+k^2-k_0^2\right]$；$k_0=\frac{\omega}{c_0}$为参考波数；$c_0$为参考声速。采用抛物方程近似，将式（5-56）分解成发散波和会聚波的形式：

$$\left(\frac{\partial}{\partial r}+\mathrm{i}k_0\sqrt{1+\hat{X}}\right)\left(\frac{\partial}{\partial r}-\mathrm{i}k_0\sqrt{1+\hat{X}}\right)u+\left[\frac{\partial}{\partial r},\mathrm{i}k_0\sqrt{1+\hat{X}}\right]u=0 \tag{5-57}$$

式（5-57）中最后一项括号中的部分是交换算子，计算方法为$[A,B]=AB-BA$，当交换算子中的两项与距离无关时，算子计算结果为零，反之，则不为零。

通常情况下，海洋声学中考察的声传播问题大多满足海洋环境随距离变化缓慢，因此交换算子的计算结果为零。此时式（5-57）可以化成

$$\left(\frac{\partial}{\partial r}+\mathrm{i}k_0\sqrt{1+\hat{X}}\right)\left(\frac{\partial}{\partial r}-\mathrm{i}k_0\sqrt{1+\hat{X}}\right)u=0 \tag{5-58}$$

式（5-58）左端两项中，第一项代表反向传播的声波-会聚波，第二项代表前向传播的声波-发散波。大多数情况下，发散波所占据的能量占主导地位，而会聚波对声波能量的影响可以忽略。因此可以得出单向传播的流体抛物方程：

$$\frac{\partial u}{\partial r} = ik_0 \sqrt{1+\hat{X}}u \tag{5-59}$$

采用常微分方程的求解方法，可以得出步进方程：

$$u(r+\Delta r) = e^{ik_0\Delta r\sqrt{1+\hat{X}}}u(r) \tag{5-60}$$

为了便于求解，采用分裂-步进的 Padé 近似方法处理指数根式算子，将其近似成一系列有理分式相乘的形式，即

$$u(r+\Delta r) = e^{ik_0\Delta r}\prod_{n=1}^{N}\frac{1+a_{n,N}\hat{X}}{1+b_{n,N}\hat{X}}u(r) \tag{5-61}$$

式中，N 为 Padé 近似的阶数；a、b 为 Padé 近似的系数。对式（5-61）中的算子采用 Galerkin 离散方法进行离散，可以化成矩阵方程的形式，实现声场的求解。

在二维流体抛物方程模型中，可以采用下面的一组有效的完全匹配层函数：

$$\begin{cases} \tau(z) = \dfrac{z-H}{D-H} \\ \gamma(z) = \dfrac{100\tau(z)^3}{1+\tau(z)^2} & (H<z\leqslant D) \\ \gamma(z) = \sigma(z) = 0 & (z\leqslant H) \\ \sigma(z) = \dfrac{200\tau(z)^3}{1+\tau(z)^2} \end{cases} \tag{5-62}$$

2. 数值仿真

为了检验二维流体抛物方程模型中完全匹配层在处理半无限海底辐射边界的性能，对水平波导和 ASA 标准楔形波导两种典型海域下的声传播进行了仿真预报。完全匹配层的性能通过与人工吸收层的比较进行了验证。

流体介质中水平波导结构示意图如图 5-16 所示，海水深度为 300m，声源位于 100m 深度处，声源频率为 25Hz。海水中声速为 1500m/s，密度为 1g/cm³。海底声速为 1700m/s，密度为 1.5g/cm³，声吸收系数为 0.5dB/λ。水平波导分如下两种不同参数进行仿真分析：

$$\begin{cases} H=1500\text{m}, G=2000\text{m} & (\text{ABL}) \\ H=350\text{m}, G=375\text{m} & (\text{PML}) \end{cases}$$

ASA 标准楔形波导结构示意图如图 5-17 所示，声源位于远离楔角 4km 处

100m 深度处。声源频率、海水和海底声学参数均与上述水平波导中的参数相一致。楔形波导分为以下两种不同参数进行仿真分析：

$$\begin{cases} H=1000\text{m}, G=1500\text{m} & \text{(ABL)} \\ H=250\text{m}, G=275\text{m} & \text{(PML)} \end{cases}$$

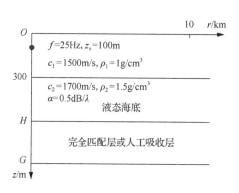

图 5-16　流体介质中水平波导结构示意图　　图 5-17　ASA 标准楔形波导结构示意图

图 5-18 和图 5-19 分别给出了两种不同海底地形在两种不同参数下的声压传播损失的结果。可以看出，在较大的传播距离处和水平变化海底地形环境下，二维抛物方程模型 RAM 在两种参数下声压传播损失计算结果都吻合得非常好。一个波长范围内厚度的完全匹配层在处理无限远辐射边界时可以得到与几十个波长厚度的人工吸收层相一致的处理效果，证明了完全匹配层技术的高效性。

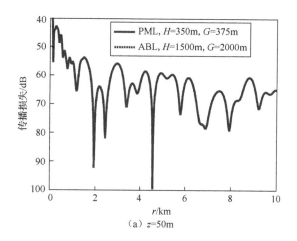

（a）z=50m

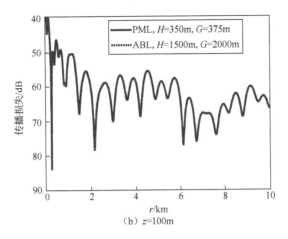

（b）z=100m

图 5-18　水平波导中声压传播损失比较（彩图扫封底二维码）

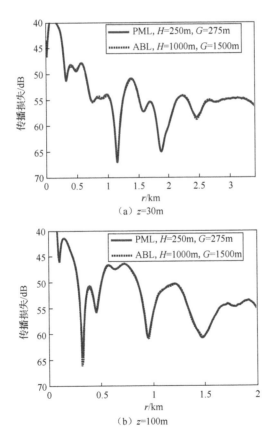

（a）z=30m

（b）z=100m

图 5-19　楔形波导声压传播损失比较（彩图扫封底二维码）

5.2.3　完全匹配层技术在二维弹性抛物方程模型中的应用

1. 基本理论

在二维弹性抛物方程模型中，为了简化推导过程，定义完全匹配层函数为

$$f(z) = 1 + \gamma(z) + i\sigma(z) \tag{5-63}$$

式中，函数 $\sigma(z)$ 和 $\gamma(z)$ 满足

$$\begin{cases} \gamma(z), \sigma(z) = 0 & (0 < z \leqslant H) \\ \gamma(z), \sigma(z) > 0 & (H < z \leqslant G) \end{cases}$$

将完全匹配层技术直接应用于柱坐标系下二维质点运动方程：

$$\rho\omega^2 u + (\lambda + 2\mu)\frac{\partial^2 u}{\partial r^2} + \mu\frac{1}{f}\frac{\partial}{\partial z}\left(\frac{1}{f}\frac{\partial u}{\partial z}\right) + (\lambda + \mu)\frac{1}{f}\frac{\partial^2 w}{\partial r\partial z} + \frac{1}{f^2}\frac{\partial\mu}{\partial z}\frac{\partial u}{\partial z} + \frac{1}{f}\frac{\partial\mu}{\partial z}\frac{\partial w}{\partial r} = 0$$

$$\tag{5-64}$$

$$\rho\omega^2 w + (\lambda + 2\mu)\frac{1}{f}\frac{\partial}{\partial z}\left(\frac{1}{f}\frac{\partial w}{\partial z}\right) + \mu\frac{\partial^2 w}{\partial r^2}$$

$$+ (\lambda + \mu)\frac{1}{f}\frac{\partial^2 u}{\partial r\partial z} + \frac{1}{f}\frac{\partial\lambda}{\partial z}\frac{\partial u}{\partial r} + \frac{1}{f^2}\left(\frac{\partial\lambda}{\partial z} + 2\frac{\partial\mu}{\partial z}\right)\frac{\partial w}{\partial z} = 0 \tag{5-65}$$

记式（5-64）为 g，式（5-65）为 h，对上述两个方程按照 $\dfrac{\partial g}{\partial r} + \dfrac{1}{f}\dfrac{\partial h}{\partial z}$ 进行处理可以得出一个新的方程，然后将该方程与式（5-65）联立，可以得到如下方程组：

$$\hat{L}\frac{\partial^2}{\partial r^2}\begin{pmatrix} \hat{\Delta} \\ w \end{pmatrix} + \hat{M}\begin{pmatrix} \hat{\Delta} \\ w \end{pmatrix} = 0 \tag{5-66}$$

式中，$\hat{\Delta}$、$\hat{L}$ 和 $\hat{M}$ 对应的表达式如下：

$$\hat{\Delta} = \frac{\partial u}{\partial r} + \frac{1}{f}\frac{\partial w}{\partial z}$$

$$\hat{L} = \begin{pmatrix} \lambda + 2\mu & 2\dfrac{1}{f}\dfrac{\partial\mu}{\partial z} \\ 0 & \mu \end{pmatrix}$$

$$\hat{M} = \begin{pmatrix} \hat{M}_{11} & \hat{M}_{12} \\ \hat{M}_{21} & \hat{M}_{22} \end{pmatrix}$$

$$\hat{M}_{11}\hat{\Delta} = (\lambda + 2\mu)\frac{1}{f}\frac{\partial}{\partial z}\left(\frac{1}{f}\frac{\partial \hat{\Delta}}{\partial z}\right) + \rho\omega^2 \hat{\Delta} + \frac{1}{f^2}\left(\frac{\partial \lambda}{\partial z} + 2\frac{\partial \mu}{\partial z}\right)\frac{\partial \hat{\Delta}}{\partial z} + \frac{1}{f}\frac{\partial}{\partial z}\left(\frac{1}{f}\frac{\partial \lambda}{\partial z}\hat{\Delta}\right)$$

$$\hat{M}_{12}w = \omega^2 \frac{1}{f}\frac{\partial \rho}{\partial z}w + \frac{2}{f}\frac{\partial}{\partial z}\left(\frac{1}{f^2}\frac{\partial \mu}{\partial z}\frac{\partial w}{\partial z}\right)$$

$$\hat{M}_{21}\hat{\Delta} = (\lambda + \mu)\frac{1}{f}\frac{\partial \hat{\Delta}}{\partial z} + \frac{1}{f}\frac{\partial \lambda}{\partial z}\hat{\Delta}$$

$$\hat{M}_{22}w = \mu\frac{1}{f}\frac{\partial}{\partial z}\left(\frac{1}{f}\frac{\partial w}{\partial z}\right) + \rho\omega^2 w + \frac{2}{f^2}\frac{\partial \mu}{\partial z}\frac{\partial w}{\partial z}$$

类似于流体抛物方程的方法，可以得到单向传播的弹性波抛物方程：

$$\frac{\partial}{\partial r}\begin{pmatrix}\hat{\Delta} \\ w\end{pmatrix} = ik_0\sqrt{1 + \bar{X}}\begin{pmatrix}\hat{\Delta} \\ w\end{pmatrix} \tag{5-67}$$

以及上述方程的求解方法：

$$\begin{pmatrix}\hat{\Delta} \\ w\end{pmatrix}_{r+\Delta r} = e^{ik_0\Delta r}\prod_{n=1}^{N}\frac{1 + a_{n,N}\bar{X}}{1 + b_{n,N}\bar{X}}\begin{pmatrix}\hat{\Delta} \\ w\end{pmatrix}_r \tag{5-68}$$

式中，$\bar{X} = k_0^{-2}\left(\hat{L}^{-1}\hat{M} - k_0^2 I\right)$。在 $z \leqslant H$ 时，$f = 1$，此时关于弹性抛物方程的整个推导过程各个变量和矩阵都与原有模型相一致，说明完全匹配层函数仅仅作用于完全匹配层中，对实际声场求解区域没有影响。

在完全匹配层中，参数的设置可以保持一致，此时 ρ、λ、μ 均为拉梅常数。矩阵 $\hat{L}$、$\hat{M}$ 可以简化为

$$\hat{L} = \begin{pmatrix}\lambda + 2\mu & 0 \\ 0 & \mu\end{pmatrix}$$

$$\hat{M} = \begin{pmatrix}(\lambda + 2\mu)\dfrac{1}{f}\dfrac{\partial}{\partial z}\left(\dfrac{1}{f}\dfrac{\partial}{\partial z}\right) + \rho\omega^2 & 0 \\ (\lambda + \mu)\dfrac{1}{f}\dfrac{\partial}{\partial z} & \mu\dfrac{1}{f}\dfrac{\partial}{\partial z}\left(\dfrac{1}{f}\dfrac{\partial}{\partial z}\right) + \rho\omega^2\end{pmatrix}$$

采用 Galerkin 离散方法对方程进行离散，可以得出弹性抛物方程模型的矩阵方程，最终实现地震波传播的预报。

在二维流体中采用的完全匹配层函数设置方法对弹性体不再适用，对原有函数进行适当调整，得出了适用于二维弹性抛物方程模型的匹配层函数：

$$\begin{cases} \tau(z) = \dfrac{3}{4}\dfrac{z-H}{D-H} \\ \gamma(z) = \dfrac{100\tau(z)^3}{1+\tau(z)^2} \quad (H < z \leqslant D) \\ \gamma(z) = \sigma(z) = 0 \quad (z \leqslant H) \\ \sigma(z) = \dfrac{200\tau(z)^3}{1+\tau(z)^2} \end{cases}$$　　　　（5-69）

2. 数值仿真

为了检验完全匹配层技术在二维弹性抛物方程模型中处理无限大辐射边界的有效性，本章讨论了水平不变和水平变化海底地形下的声传播问题，考察的弹性海底地形分别为水平波导和楔形波导。两种地形条件下，声源参数、海水声学参数、海底地形和声学参数如图 5-20 和图 5-21 所示。按照下面两组完全匹配层和人工吸收层参数，采用二维弹性抛物方程模型 RAMS 对两种地形进行声压传播损失计算：

$$\begin{cases} H=1500\text{m}, G=2000\text{m} \quad \text{(ABL)} \\ H=350\text{m}, G=375\text{m} \quad \text{(PML)} \end{cases}$$

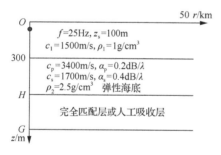

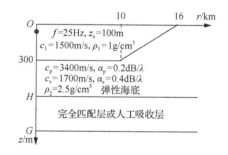

图 5-20　弹性介质中水平波导示意图　　　图 5-21　弹性介质中楔形波导示意图

图 5-22 和图 5-23 给出了两种地形下不同深度处的传播损失曲线计算结果。可以看出，除了在近距离的范围内存在一定偏差外，完全匹配层和人工吸收层的两种方法计算结果在不同深度和地形下非常吻合，验证了完全匹配层技术在处理弹性半无限海底辐射边界时的有效性，并且证明了波长范围内厚度的完全匹配层可以比拟几十个波长厚度的人工吸收层的处理结果，说明完全匹配层技术更加高效。另外，近距离声场计算结果存在差距的原因将在下面进行详细的讨论和分析。

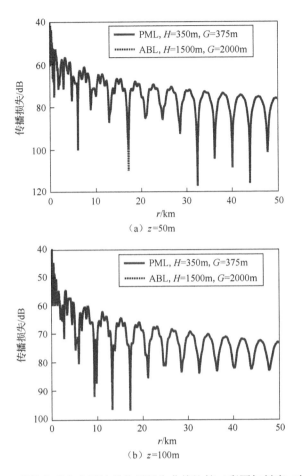

图 5-22　弹性介质中水平波导传播损失曲线比较（彩图扫封底二维码）

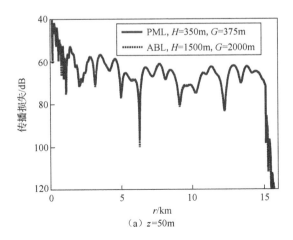

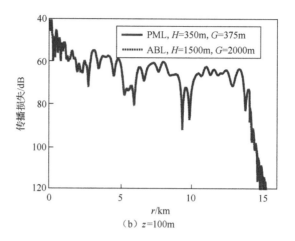

（b）$z=100\text{m}$

图 5-23　弹性介质中楔形波导声压传播损失比较（彩图扫封底二维码）

在仿真研究中还发现，二维弹性抛物方程模型 RAMS 在求解某些海底横波声速较小的声传播问题时由于数值计算的问题，计算结果可能会发散，这一现象限制了抛物方程模型在求解软质海底环境下的声传播，完全匹配层技术在一定程度上可以缓解这种影响，提高了模型对不同海洋环境的适用范围。

3. 近场误差分析

上面仿真分析了完全匹配层技术在二维弹性抛物方程模型中的边界处理效果，总体上可以满足远距离声场预报的需要。近距离时，完全匹配层技术在处理无限大辐射边界时存在一定的瑕疵。相比二维流体抛物方程模型，二维弹性抛物方程模型更加复杂，包括变量个数、方程个数、边界条件个数。下面以弹性抛物方程模型为例对近距离声场计算结果产生误差的原因进行定性和定量的分析。流体-弹性体界面平面波传播示意图如图 5-24 所示。

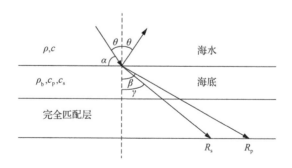

图 5-24　流体-弹性体界面平面波传播示意图

当平面波入射到弹性海底时，反射波和折射波的表达式可以分别表示成

$$\varphi_i(x,z) = Ae^{-ik(x\sin\theta - z\cos\theta)} \tag{5-70a}$$

$$\varphi_r(x,z) = RAe^{-ik(x\sin\theta + z\cos\theta)} \tag{5-70b}$$

$$\varphi_p(x,z) = WAe^{-ik_p(x\sin\beta - z\cos\beta)} \tag{5-70c}$$

$$\varphi_s(x,z) = PAe^{-ik_s(x\sin\gamma - z\cos\gamma)} \tag{5-70d}$$

式中，A 为入射波的幅值；R 为声波反射系数；W 为纵波折射系数；P 为横波折射系数；$k = \omega/c$；$k_p = \omega/c_p$；$k_s = \omega/c_s$。

声波在流体-弹性体边界传播时，满足界面应力平衡条件和界面垂直位移连续条件。根据边界条件，可以求解出反射系数和折射系数的表达式：

$$R = \frac{z_1\cos^2 2\gamma + z_t\sin^2 2\gamma - z}{z_1\cos^2 2\gamma + z_t\sin^2 2\gamma + z} \tag{5-71a}$$

$$W = \frac{\rho}{\rho_b}\frac{2z_1\cos^2 2\gamma}{z_1\cos^2 2\gamma + z_t\sin^2 2\gamma + z} \tag{5-71b}$$

$$P = -\frac{\rho}{\rho_b}\frac{2z_t\sin^2 2\gamma}{z_1\cos^2 2\gamma + z_t\sin^2 2\gamma + z} \tag{5-71c}$$

式中，$z = \dfrac{\rho c}{\cos\theta}$；$z_1 = \dfrac{\rho_b c_p}{\cos\beta}$；$z_t = \dfrac{\rho_b c_s}{\cos\gamma}$。

另外，根据完全匹配层理论，可以推导得出由于完全匹配层存在所引入的纵波和横波的反射系数：

$$r_p = e^{-Dk_p\cos\beta} \tag{5-72a}$$

$$r_s = e^{-Dk_s\cos\gamma} \tag{5-72b}$$

式中，$D = \int_H^G \sigma(z)\mathrm{d}z$。

在物理机理上，近距离声场计算误差产生的原因是完全匹配层不能有效吸收某些入射角入射的声线。为此，有必要建立一个物理量，用来定量描述完全匹配层对于不同入射角对应的入射声线的吸收效果。明显地，将流体-弹性体边界处的折射系数和完全匹配层所引入的反射系数相乘可以有效地衡量完全匹配层对不同入射角对应的入射声线的真实吸收效果，定义为复合反射系数，即

$$R_p = |W \cdot r_p| = \left|\frac{\rho}{\rho_b}\frac{2z_1\cos 2\gamma}{z_1\cos^2 2\gamma + z_t\sin^2 2\gamma + z}e^{-Dk_p\cos\beta}\right| \tag{5-73a}$$

$$R_s = |P \cdot r_s| = \left|\frac{\rho}{\rho_b}\frac{2z_t\sin 2\gamma}{z_1\cos^2 2\gamma + z_t\sin^2 2\gamma + z}e^{-Dk_s\cos\gamma}\right| \tag{5-73b}$$

采用弹性海底水平波导中的环境参数，代入式（5-73a）和式（5-73b），可以得出关于掠射角的复合反射系数 R_p 和 R_s。图 5-25 给出了纵波和横波复合反射系数随着掠射角的变化规律。

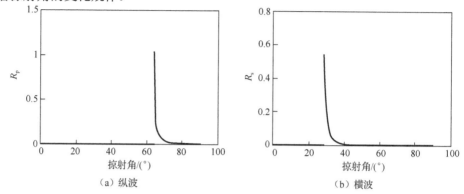

（a）纵波　　　　　　　　　　　　（b）横波

图 5-25　复合反射系数变化规律

从图 5-25 可以看出，横波在掠射角为30°到40°以及纵波在掠射角为60°到70°之间的声线复合反射系数较大，完全匹配层的作用效果有所下降。Lu 等[14]仿真分析了楔形波导环境下完全匹配层的作用效果。他们采用了下面的低阶指数根式算子近似公式：

$$e^{ik_0\Delta r(\sqrt{1+X}-1)} = \frac{1+\overline{e}_1 X}{1+e_1 X}, \quad e_1 = \frac{1}{4} - \frac{ik_0\Delta r}{4} \tag{5-74}$$

之所以他们获得了与人工吸收层相一致的计算结果，正是由于算子近似角度小，模型为窄角声传播模型，声场计算时仅仅包括了低角度掠射角声线的贡献，规避了高角度掠射角的影响，从而达到了良好的匹配效果。另外，他们仿真的环境为流体楔形海底，不包含横波的影响，并且海底区域面积广，使得完全匹配效果更明显。本章中所提到的抛物方程模型都采用了指数根式算子 Padé 近似，近似角度可接近90°。指数根式算子 Padé 近似公式如下：

$$e^{ik_0\Delta r(\sqrt{1+X}-1)} = \prod_{j=1}^{n} \frac{1+\alpha_{j,n} X}{1+\beta_{j,n} X} \tag{5-75}$$

对于不同的 Padé 阶数 n，声场计算时包含的声线掠射角的范围有所区别。在不同的根式算子近似阶数下，完全匹配层的处理效果也会受到影响。由于考虑了大掠射角声线对声场的贡献，采用完全匹配层技术的二维高阶弹性抛物方程模型在近距离包含更多的反射波成分，这是近距离声场计算产生误差的物理原因。图 5-26 给出了不同 Padé 近似阶数下的传播损失比较结果。图中，蓝色实线为采用人工吸收层方法计算得到的结果，红色实线为采用完全匹配层技术得到的传播损失曲线结果。

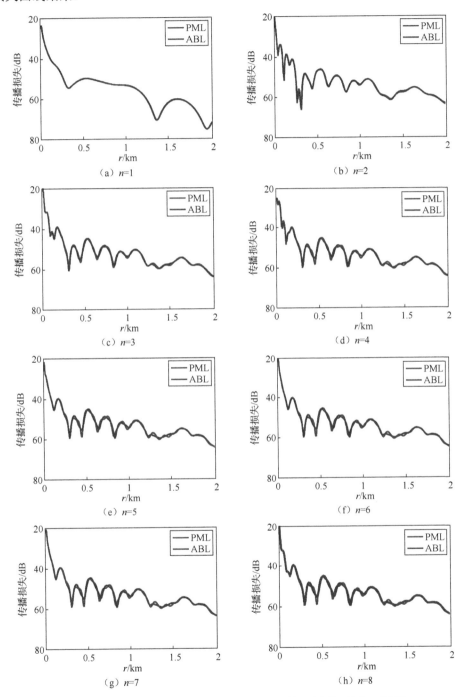

图 5-26　不同 Padé 阶数下的传播损失曲线比较（彩图扫封底二维码）

上述的传播损失曲线图给出了在不同 Padé 近似阶数影响下完全匹配层技术匹配性能的差异，证明了近距离误差物理解释的合理性。当 $n=4$ 时，声场计算结果包含了小于 45°掠射角声线的贡献；当 $n=6$ 时，声场预报结果差不多包含了所有角度入射的声线的贡献。从 $n=3$ 到 $n=4$ 的变化过程，采用完全匹配层技术与人工吸收层技术的声场模型计算结果的差距变大，该部分影响很可能来源于掠射角在 30°到 50°的声线横波附加反射。从 $n=4$ 到 $n=6$ 变化过程，两种方法计算结果的差距进一步变大，可以归因于掠射角在 60°到 70°的声线纵波附加反射。可以看出，从 $n=6$ 到 $n=8$ 变化过程中，两种方法计算得出的传播损失曲线不再变化，这是因为算子近似程度已经非常高，基本包含了所有声线的影响。

5.2.4　完全匹配层技术在三维抛物方程模型中的应用

1. 基本理论

在三维直角坐标系下，水下声波传播满足亥姆霍兹方程：

$$\rho\frac{\partial}{\partial x}\left(\frac{1}{\rho}\frac{\partial p}{\partial x}\right)+\rho\frac{\partial}{\partial y}\left(\frac{1}{\rho}\frac{\partial p}{\partial y}\right)+\rho\frac{\partial}{\partial z}\left(\frac{1}{\rho}\frac{\partial p}{\partial z}\right)+k^2 p=0 \qquad (5\text{-}76)$$

采用能量守恒近似和变量替换 $u=p\exp(-\mathrm{i}k_0 x)/\alpha$，可以得出关于变量 u 的方程：

$$\frac{\partial^2 u}{\partial x^2}+2k_0\mathrm{i}\frac{\partial u}{\partial x}+\frac{\rho}{\alpha}\frac{\partial}{\partial y}\left[\frac{1}{\rho}\frac{\partial(\alpha u)}{\partial y}\right]+\frac{\rho}{\alpha}\frac{\partial}{\partial z}\left[\frac{1}{\rho}\frac{\partial(\alpha u)}{\partial z}\right]+k^2 u=0 \qquad (5\text{-}77)$$

在声场求解时，为了获得唯一解，需要对声场计算区域设置边界条件。在三维海洋波导中，满足如下的海面压力释放边界条件和无穷远辐射边界条件：

$$\begin{cases} u(x,y,0)=0 \\ \lim\limits_{z\to+\infty}u(x,y,z)=0 \\ \lim\limits_{y\to+\infty}u(x,y,z)=0 \\ \lim\limits_{y\to-\infty}u(x,y,z)=0 \end{cases} \qquad (5\text{-}78)$$

从边界条件可以看出，采用三维抛物方程模型计算声场时，必须在 $+z$、$-y$、$+y$ 三个方向对声场计算域进行截断。为此，本章在 y 和 z 坐标设置完全匹配层代替人工吸收层，用来处理无限远辐射边界。三维抛物方程模型中完全匹配层配置图如图 5-27 所示。

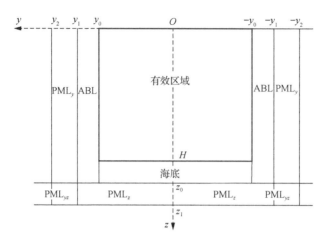

图 5-27　三维抛物方程模型中完全匹配层配置图

此时，式（5-77）变为

$$\frac{\partial^2 u}{\partial x^2} + 2k_0\mathrm{i}\frac{\partial u}{\partial x} + \frac{\rho}{\alpha}\frac{\partial}{\partial \hat{y}}\left[\frac{1}{\rho}\frac{\partial(\alpha u)}{\partial \hat{y}}\right] + \frac{\rho}{\alpha}\frac{\partial}{\partial \hat{z}}\left[\frac{1}{\rho}\frac{\partial(\alpha u)}{\partial \hat{z}}\right] + k^2 u = 0 \qquad （5-79）$$

式中，$\partial\hat{y} = \left[1 + \mathrm{i}\sigma_y(y)\right]\partial y$；$\partial\hat{z} = \left[1 + \mathrm{i}\sigma_z(z)\right]\partial z$。另外，函数 $\sigma_y(y)$ 和 $\sigma_z(z)$ 满足：

$$\begin{cases} \sigma_y(y) = 0 & \left(0 \leqslant |y| \leqslant y_1\right) \\ \sigma_y(y) > 0 & \left(y_1 < |y| \leqslant y_2\right) \end{cases}$$

$$\begin{cases} \sigma_z(z) = 0 & \left(0 < z \leqslant z_0\right) \\ \sigma_z(z) > 0 & \left(z_0 < z \leqslant z_1\right) \end{cases}$$

图 5-27 展示了参数 y_0、y_1、y_2、z_0、z_1 所代表的坐标位置。下面详细介绍一下不同方向完全匹配层的设置方式。在深度 z 方向设置完全匹配层时，无限大海底边界在 $z = z_1$ 处截断。此时，深度方向划分为两部分区域 $(0, z_0)$ 和 (z_0, z_1)。$(0, z_0)$ 深度范围内包含海水层和海底层；(z_0, z_1) 深度范围内为完全匹配层。在声速和声吸收系数等参数的选择上，完全匹配层和海底层声学参数保持一致。当然，在完全匹配层中适当增加声吸收系数在一定程度上也可以起到人工吸收层的作用，获得更好的处理效果。

在水平 y 方向，完全匹配层在 $+y$ 和 $-y$ 两个方向上设置。对 y 方向进行无限大辐射边界截断处理，将该方向划分成 $(-y_2, -y_1)$、$(-y_1, -y_0)$、$(-y_0, y_0)$、(y_0, y_1) 和 (y_1, y_2) 五个区域。在深度方向，海底层的存在（声吸收的存在）使得完全匹配层的匹配效果更好。类比于深度方向，在水平 y 方向，设置了薄层的人工吸收层，

即虚拟海底层 $(-y_1, -y_0)$ 和 (y_0, y_1)。在人工吸收层中，声吸收系数设置在 $1\text{dB}/\lambda$ 到 $2\text{dB}/\lambda$ 即可。水平范围 $(-y_2, -y_1)$ 和 (y_1, y_2) 中设置完全匹配层，声学参数的选取与人工吸收层保持一致。

为了分析三维直角坐标系下抛物方程模型中完全匹配层设置方式的正确性，下面从声波传播的角度进行讨论。对于三维声传播问题，如果采用完全匹配层技术，向 $\pm y$ 和 $\pm z$ 方向传播的声波数学表达式可以表示成

$$u_{+y,+z} = \exp\left[i\left(k_x x + k_y \hat{y} + k_z \hat{z}\right)\right] \tag{5-80a}$$

$$u_{-y,+z} = \exp\left[i\left(k_x x - k_y \hat{y} + k_z \hat{z}\right)\right] \tag{5-80b}$$

$$u_{+y,-z} = \exp\left[i\left(k_x x + k_y \hat{y} - k_z \hat{z}\right)\right] \tag{5-80c}$$

$$u_{-y,-z} = \exp\left[i\left(k_x x + k_y \hat{y} + k_z \hat{z}\right)\right] \tag{5-80d}$$

式中，波数 $k = (k_x, k_y, k_z)$，$k_x \geqslant 0, k_y \geqslant 0, k_z \geqslant 0$；时间因子为 $\exp(-i\omega t)$。

在 $+z$ 和 $\pm y$ 方向，最大截断距离 z_1 和 $\pm y_2$ 处满足狄利克雷边界条件，即

$$u(x, y, z_1) = u_{\pm y, +z}\big|_{z=z_1} + R_z\, u_{\pm y, -z}\big|_{z=z_1} = 0 \tag{5-81a}$$

$$u(x, y_2, z) = u_{+y, +z}\big|_{y=y_2} + R_{+y}\, u_{-y, +z}\big|_{y=y_2} = 0 \tag{5-81b}$$

$$u(x, -y_2, z) = u_{-y, +z}\big|_{y=-y_2} + R_{-y}\, u_{+y, +z}\big|_{y=-y_2} = 0 \tag{5-81c}$$

式中，R_z、R_{+y}、R_{-y} 分别为截断距离边界 $z = z_1$、$y = y_2$、$y = -y_2$ 处的反射系数。

从上面的三个方程中可以求解出三个反射系数的表达式：

$$\left|R_z\right| = \exp\left[-2k_z \int_{z_0}^{z_1} \sigma_z(z)\mathrm{d}z\right] \tag{5-82a}$$

$$\left|R_{+y}\right| = \exp\left[-2k_y \int_{y_1}^{y_2} \sigma_y(y)\mathrm{d}y\right] \tag{5-82b}$$

$$\left|R_{-y}\right| = \exp\left[2k_y \int_{-y_1}^{-y_2} \sigma_y(y)\mathrm{d}y\right] \tag{5-82c}$$

无限大辐射边界的特点就是没有反射波，因此边界截断后要使得三个反射系数非常小。从表达式可以看出，只要选取的函数 $\sigma_z(z)$ 和 $\sigma_y(y)$ 在完全匹配层内足够大，就可以满足反射系数的绝对值足够小，即

$$\lim_{\sigma_z(z)\to+\infty} \left|R_z\right| = 0 \tag{5-83a}$$

$$\lim_{\sigma_y(y)\to+\infty} \left|R_{\pm y}\right| = 0 \tag{5-83b}$$

为了使得完全匹配层的性能更优，本章模型采用下面定义的复数坐标变换方法：

$$\hat{y} = y + \int_0^y \left[\mathrm{i}\sigma_y(y) + \gamma_y(y) \right] \mathrm{d}y \tag{5-84a}$$

$$\hat{z} = z + \int_0^z \left[\mathrm{i}\sigma_z(z) + \gamma_z(z) \right] \mathrm{d}z \tag{5-84b}$$

式中，函数 $\gamma_y(y)$ 和 $\gamma_z(z)$ 的取值与函数 $\sigma_y(y)$ 和 $\sigma_z(z)$ 相一致。

在三维抛物方程模型的每一步，如果采用完全匹配层技术代替人工吸收层技术，关于变量 u 的单向传播的抛物方程变为

$$\frac{\partial u}{\partial x} = \mathrm{i}k_0 \left[-1 + \sqrt{1 + (n^2 - 1) + k_0^{-2} \frac{\rho}{\alpha f_y} \frac{\partial}{\partial y} \left(\frac{1}{\rho f_y} \frac{\partial}{\partial y} \alpha \right) + k_0^{-2} \frac{\rho}{\alpha f_z} \frac{\partial}{\partial z} \left(\frac{1}{\rho f_z} \frac{\partial}{\partial z} \alpha \right)} \right] u$$

$$\tag{5-85}$$

式中，各函数的表达式如下：

$$\begin{cases} f_y(y) = 1 + \gamma_y(y) + \mathrm{i}\sigma_y(y) \\ f_z(z) = 1 + \gamma_z(z) + \mathrm{i}\sigma_z(z) \end{cases}$$

在三维抛物方程中，坐标 y 和 z 方向选取的完全匹配层函数如下：

$$\begin{cases} \tau_y(y) = \dfrac{1}{2} \dfrac{|y| - y_1}{y_2 - y_1} \\[2mm] \gamma_y(y) = \dfrac{100\tau_y(y)^3}{1 + \tau_y(y)^2} \quad (y_1 < |y| \leqslant y_2) \\[2mm] \gamma_y(y) = \sigma_y(y) = 0 \quad (|y| \leqslant y_1) \\[2mm] \sigma_y(y) = \dfrac{200\tau_y(y)^3}{1 + \tau_y(y)^2} \end{cases} \tag{5-86a}$$

$$\begin{cases} \tau_z(z) = \dfrac{1}{2} \dfrac{z - z_0}{z_1 - z_0} \\[2mm] \gamma_z(z) = \dfrac{100\tau_z(z)^3}{1 + \tau_z(z)^2} \quad (z_0 < z \leqslant z_1) \\[2mm] \gamma_z(z) = \sigma_z(z) = 0 \quad (z \leqslant z_0) \\[2mm] \sigma_z(z) = \dfrac{200\tau_z(z)^3}{1 + \tau_z(z)^2} \end{cases} \tag{5-86b}$$

采用高阶算子分离和 Padé 近似，可以得出应用完全匹配层计算的三维直角坐标系下抛物方程模型的递进求解格式：

$$\Delta u_1 = -\frac{\delta}{2}\left(\sum_{l=1}^{L_1}\frac{a_{l,L_1}\hat{Y}}{1+b_{l,L_1}\hat{Y}}\sum_{l=1}^{L_2}\frac{a_{l,L_2}\hat{Z}}{1+b_{l,L2}\hat{Z}}+\sum_{l=1}^{L_2}\frac{a_{l,L_2}\hat{Y}}{1+b_{l,L_2}\hat{Y}}\sum_{l=1}^{L_1}\frac{a_{l,L_1}\hat{Z}}{1+b_{l,L_1}\hat{Z}}\right)u(x) \quad (5\text{-}87a)$$

$$\Delta u_m = -\frac{\delta}{2m}\left(\sum_{l=1}^{L_1}\frac{a_{l,L_1}\hat{Y}}{1+b_{l,L_1}\hat{Y}}\sum_{l=1}^{L_2}\frac{a_{l,L_2}\hat{Z}}{1+b_{l,L2}\hat{Z}}+\sum_{l=1}^{L_2}\frac{a_{l,L_2}\hat{Y}}{1+b_{l,L_2}\hat{Y}}\sum_{l=1}^{L_1}\frac{a_{l,L_1}\hat{Z}}{1+b_{l,L_1}\hat{Z}}\right)\Delta u_{m-1} \quad (m\geqslant 2)$$

$$(5\text{-}87b)$$

$$u(x+\Delta x)=\prod_{l=1}^{L_3}\frac{1+\alpha_{l,L_3}\hat{Y}}{1+\beta_{l,L_3}\hat{Y}}\prod_{l=1}^{L_4}\frac{1+\alpha_{l,L_4}\hat{Z}}{1+\beta_{l,L_4}\hat{Z}}\left[\sum_{m=1}^{M}\Delta u_m+u(x)\right] \quad (5\text{-}87c)$$

式中，L_1、L_2、L_3、L_4 为 Padé 近似的阶数；a、b、α、β 为在不同算子情况下的 Padé 近似系数；

$$\hat{Y}=k_0^{-2}\frac{\rho}{\alpha f_y}\frac{\partial}{\partial y}\left(\frac{1}{\rho f_y}\frac{\partial}{\partial y}\alpha\right)$$

$$\hat{Z}=(n^2-1)+k_0^{-2}\frac{\rho}{\alpha f_z}\frac{\partial}{\partial z}\left(\frac{1}{\rho f_z}\frac{\partial}{\partial z}\alpha\right)$$

上述公式中，完全匹配层函数选取了一组可行的函数，但并不唯一，在电磁波领域有许多可行的经验公式，本章对函数的选取不再进行逐一讨论。

2. 数值仿真

在二维声场计算模型中，无限大辐射边界主要在深度方向，由于海底吸收的存在，完全匹配层的匹配性能较好。在三维直角坐标系下，除了深度方向，水平 y 正方向和负方向均要满足无限大辐射边界条件，要在三个方向设置完全匹配层。由于没有类似于吸收海底层的依托作用，水平 y 方向完全匹配层的作用效果并不理想。因此，本章在水平 y 方向添加了较薄一层介于声场计算域和完全匹配层之间的人工吸收层，用以改善边界处理的性能。

在三维直角坐标系下抛物方程模型中，本章尝试寻求一种适用于不同海洋环境下的完全匹配层设置方法。因此，本章考察了三种不同的海底地形环境：水平不变波导、梯形海底山波导和 ASA 标准楔形波导。在上述三种海洋环境下，采用相同的完全匹配层配置方法。为了验证完全匹配层技术的正确性和高效性，采用如下三组不同的完全匹配层和人工吸收层配置参数：

$$\begin{cases} y_2 - y_0 = 2000\text{m}, z_0 - H = 600\text{m}, z_1 - z_0 = 700\text{m} & \text{(ABL1)} \\ y_2 - y_0 = 400\text{m}, z_0 - H = 50\text{m}, z_1 - z_0 = 50\text{m} & \text{(ABL2)} \\ y_2 - y_1 = 200\text{m}, y_1 - y_0 = 200\text{m}, z_0 - H = 50\text{m}, z_1 - z_0 = 50\text{m} & \text{(PML)} \end{cases}$$

其中，ABL1 和 ABL2 仅仅采用人工吸收层处理无限大辐射边界，而 PML 同时采用了人工吸收层和完全匹配层。ABL1 和 ABL2 参数下，在深度 z 方向上，人工吸收层在深度 z_0 和 z_1 之间；在水平 y 方向上，人工吸收层设置在 $-y_2$ 和 $-y_0$ 以及 y_0 和 y_2 之间。PML 参数下，为了有效改善完全匹配层的匹配性能，在水平 y 方向，分别在距离 $-y_0$ 和 $-y_1$ 以及 y_0 和 y_1 之间添加了薄层的人工吸收层，该层中添加 $1\sim 2\text{dB}$ 左右的声吸收系数。同时，在深度 z 方向上，完全匹配层在深度 z_0 和 z_1 之间；在水平 y 方向上，完全匹配层设置在 $-y_2$ 和 $-y_1$ 以及 y_1 和 y_2 之间。

事实上，在楔形波导中，完全匹配层可以设置得更薄，因为在海底具有更广阔的空间。采用下面的一组完全匹配层参数也可以获得好的声场计算结果：

$$y_2 - y_1 = 100\text{m}, y_1 - y_0 = 100\text{m}, z_0 - H = 20\text{m}, z_1 - z_0 = 40\text{m}$$

1）水平波导

水平不变波导下的声传播是一类非常重要的问题，可用于检验三维抛物方程模型的计算精度。虽然不包含声波传播的三维效应，但由于此种环境下求解方法较多，便于模型的检验，因此成为声场计算的常用问题。

水平波导示意图如图 5-28 所示，声源放置于 100m 深度处，频率为 25Hz。海水深度为 200m，海水中声速为 1500m/s，密度为 1g/cm^3，海水无声吸收衰减。海底中声速为 1700m/s，密度为 1.5g/cm^3，声吸收系数为 $0.5\text{dB}/\lambda$。在水平波导中，三维直角坐标系下抛物方程模型在三种不同参数下计算得到的声压传播损失结果如图 5-29 所示。

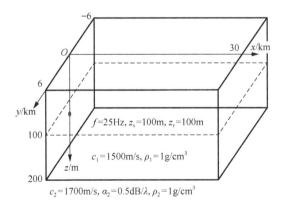

图 5-28　水平波导示意图

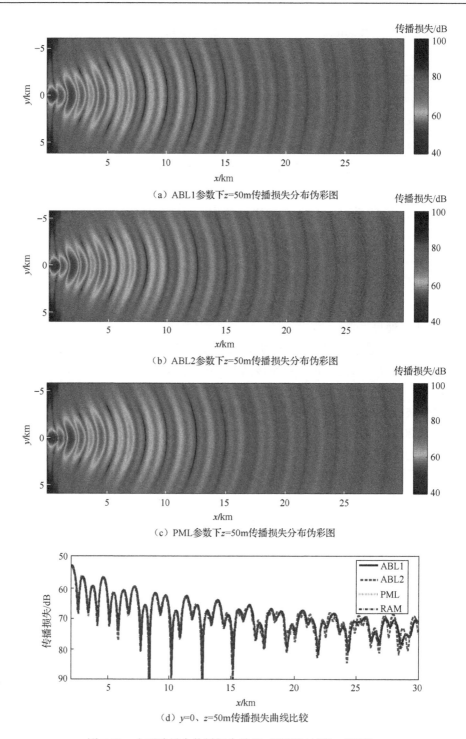

（a）ABL1参数下 z=50m传播损失分布伪彩图

（b）ABL2参数下 z=50m传播损失分布伪彩图

（c）PML参数下 z=50m传播损失分布伪彩图

（d） y=0、 z=50m传播损失曲线比较

图 5-29　水平波导中传播损失结果（彩图扫封底二维码）

2）梯形海底山波导

梯形海底山波导中的声传播作为一类比较典型的声传播问题，具有广泛的研究价值和意义。采用此种海洋环境地形验证完全匹配层技术的有效性十分必要，尤其是三维声传播问题。本章采用如图 5-30 所示的局部梯形海底山波导进行完全匹配层性能的检验。声源参数、海水和海底声学参数与水平波导相一致。唯一的差别在于传播距离方向 8～20km 存在倾角为 2.86°的梯形山。在梯形海底山波导中，三维直角坐标系下抛物方程模型在三种不同参数下计算得到的声压传播损失结果如图 5-31 所示。

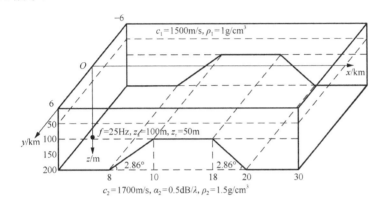

图 5-30　梯形海底山波导示意图

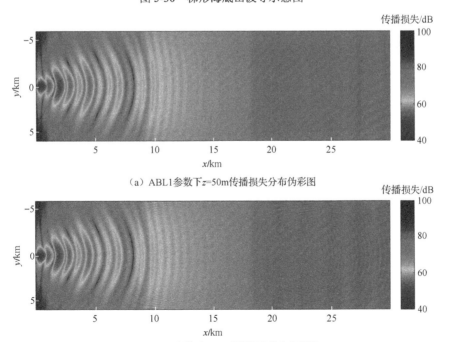

（a）ABL1参数下z=50m传播损失分布伪彩图

（b）ABL2参数下z=50m传播损失分布伪彩图

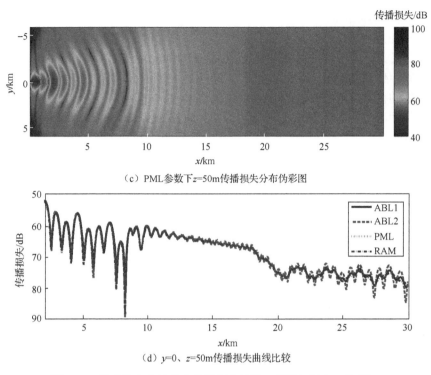

（c）PML参数下z=50m传播损失分布伪彩图

（d）y=0、z=50m传播损失曲线比较

图 5-31　梯形海底山波导中传播损失结果（彩图扫封底二维码）

3）ASA 标准楔形波导

ASA 标准检验问题作为模型检验的标准问题，更能作为完全匹配层性能检验的标准。该问题横向传播三维效应明显，可以用来检验完全匹配层对三维效应特别明显的海域的适用性。声源参数、海水和海底声学参数以及地形参数如图 5-32 所示。ASA 标准楔形波导中，三维直角坐标系下抛物方程模型在三种不同参数下声压传播损失结果如图 5-33 所示。

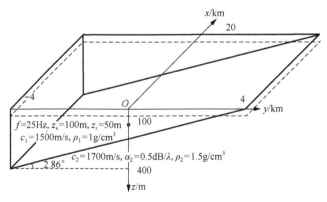

图 5-32　ASA 标准楔形波导示意图

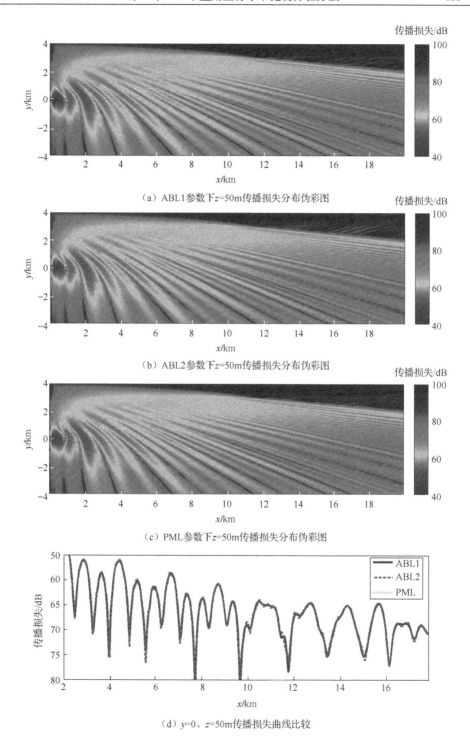

（a）ABL1参数下z=50m传播损失分布伪彩图

（b）ABL2参数下z=50m传播损失分布伪彩图

（c）PML参数下z=50m传播损失分布伪彩图

（d）y=0、z=50m传播损失曲线比较

图 5-33　楔形波导中传播损失结果（彩图扫封底二维码）

图 5-29、图 5-31 和图 5-33 中声压传播损失计算结果表明，PML 和 ABL1 参数下，声场计算结果基本一致，而 ABL2 参数下计算结果与前两者差别很大，在较远距离上，声场干涉结构存在明显的类似于水波的干扰。产生上述现象的原因是在 ABL2 参数下人工吸收层厚度较小，使得边界反射波吸收效果不佳，而相同厚度的完全匹配层却可以非常好地处理掉边界反射波，证明了完全匹配层的高效性。可以看出，在几个波长厚度的完全匹配层下声场计算精度可以保持和几十个波长厚度的人工吸收层下的计算结果相一致，有效地减少了计算域的大小，提高了声场计算速度。表 5-3 给出了三种地形在三种参数下的声场计算时间。

表 5-3　声场计算时间　　　　　　　　　　单位：s

参数	水平波导计算时间	梯形海底山波导计算时间	楔形波导计算时间
ABL1	20520.40	20290.14	12746.81
ABL2	3295.897	3234.556	2055.193
PML	3283.151	3226.906	2047.634

参 考 文 献

[1]　Lin Y T, Duda T F. A higher-order split-step Fourier parabolic-equation sound propagation solution scheme[J]. The Journal of the Acoustical Society of America, 2012, 132(2): EL61-EL67.

[2]　Collins M D. A split-step Pade solution for the parabolic equation method[J]. The Journal of the Acoustical Society of America, 1993, 93(4): 1736-1742.

[3]　Milinazzo F A, Zala C A, Brooke G H. Rational square-root approximations for parabolic equation algorithms[J]. The Journal of the Acoustical Society of America, 1997, 101(2): 760-766.

[4]　Collins M D, Siegmann W L. Treatment of a sloping fluid-solid interface and sediment layering with the seismo-acoustic parabolic equation[J]. The Journal of the Acoustical Society of America, 2015, 137(1): 492-497.

[5]　Tappert F D. The parabolic approximation method[M]//Keller J B, Papadakis J S. Wave Propagation and Underwater Acoustics. New York: Springer-Verlin, 1977.

[6]　Berenger J P. A perfectly matched layer for the absorption of electromagnetic-waves[J]. Journal of Computational Physics, 1994, 114(2): 185-200.

[7]　Ha T Y, Seo S W, Sheen D W. Parallel iterative procedures for a computational electromagnetic modeling based on a nonconforming mixed finite element method[J]. Computer Modeling in Engineering and Sciences, 2006, 14(1): 57-76.

[8]　Ewing W M, Jardetzky W S, Press F. Elastic Waves in Layered Media[M]. New York: McGraw-Hill, 1957.

[9]　Metzler A M, Moran D, Collis J M, et al. A scaled mapping parabolic equation for sloping range-dependent environments[J]. The Journal of the Acoustical Society of America, 2014, 135(3): EL172-EL178.

[10]　Collins M D, Westwood E K. A higher-order energy-conserving parabolic equation for range-dependent ocean depth, sound speed, and density[J]. The Journal of the Acoustical Society of America, 1991, 89(3): 1068-1075.

[11]　Collins M D. An energy-conserving parabolic equation for elastic media[J]. The Journal of the Acoustical Society of America, 1993, 94(2): 975-982.

[12]　Collins M D, Schmidt H, Siegmann W L. An energy-conserving spectral solution[J]. The Journal of the Acoustical Society of America, 2000, 107(4): 1964-1966.

[13]　Mikhin D. Energy-conserving and reciprocal solutions for higher-order parabolic equations[J]. Journal of Computational Acoustics, 2001, 9(1): 183-203.

[14]　Lu Y Y, Zhu J X. Perfectly matched layer for acoustic waveguide modeling: benchmark calculations and perturbation analysis[J]. Computer Modeling in Engineering and Sciences, 2007, 22(3): 235-247.

第6章 三维柱坐标系下抛物方程方法

为了有效改善声场计算的精度，本章建立了一种三维柱坐标系下抛物方程模型，采用能量守恒近似处理海底边界，应用高阶算子分离和 Padé 近似改善了根式算子的近似程度，并采用了一种高精度的自初始场，实现水平方位全角度声场的精确计算。在本章结构安排上，首先，详细介绍三维柱坐标系下抛物方程模型理论体系。其次，对不同海洋环境下的声传播问题进行数值仿真和比较，验证新模型的准确性，并采用新模型研究不同海底地形下的三维声传播效应。最后，为了有效提高三维声场的预报速度，提出三维抛物方程联合预报模型。

6.1 三维柱坐标系下抛物方程理论

6.1.1 三维抛物方程基本理论

在柱坐标系下，考虑如下的三维亥姆霍兹方程：

$$\rho\frac{\partial}{\partial r}\left(\frac{1}{\rho}\frac{\partial P}{\partial r}\right)+\frac{1}{r}\frac{\partial P}{\partial r}+\frac{\rho}{r^2}\frac{\partial}{\partial \theta}\left(\frac{1}{\rho}\frac{\partial P}{\partial \theta}\right)+\rho\frac{\partial}{\partial z}\left(\frac{1}{\rho}\frac{\partial P}{\partial z}\right)+k^2P=0 \qquad (6\text{-}1)$$

式中，P 为声压；ρ 为介质密度；k 为介质波数。

在中远程固定边界波导中，声波近似以柱面波的形式传播，能量幅值正比于 $1/r$，忽略介质参数在半径方向的变化，采用变量替换 $p=\sqrt{r}P$，可得出关于 p 的方程：

$$\frac{\partial^2 p}{\partial r^2}+\frac{\rho}{r^2}\frac{\partial}{\partial \theta}\left(\frac{1}{\rho}\frac{\partial p}{\partial \theta}\right)+\rho\frac{\partial}{\partial z}\left(\frac{1}{\rho}\frac{\partial p}{\partial z}\right)+k^2p+\frac{p}{4r^2}=0 \qquad (6\text{-}2)$$

当满足远场条件时，$kr\gg 1$，即 $k^2\gg 1/r^2$，则式（6-2）中的最后一项可以忽略，根据能量守恒修正，采用变量替换 $u=p/\alpha$，其中 $\alpha=\sqrt{\rho c}$ 为能量守恒修正系数，可得出关于 u 的方程：

$$\frac{\partial^2 u}{\partial r^2}+\frac{\rho}{r^2\alpha}\frac{\partial}{\partial \theta}\left(\frac{1}{\rho}\frac{\partial \alpha u}{\partial \theta}\right)+\frac{\rho}{\alpha}\frac{\partial}{\partial z}\left(\frac{1}{\rho}\frac{\partial \alpha u}{\partial z}\right)+k^2u=0 \qquad (6\text{-}3)$$

采用单向传播的抛物方程近似方法，并应用常微分方程解法，可以得出

$$u\left(r+\Delta r\right)=\mathrm{e}^{\mathrm{i}k_0\Delta r\sqrt{1+Y+Z}}u\left(r\right) \tag{6-4}$$

式中，$Y=\dfrac{\rho}{k_0^2 r^2\alpha}\dfrac{\partial}{\partial\theta}\left(\dfrac{1}{\rho}\dfrac{\partial\alpha}{\partial\theta}\right)$；$Z=n^2-1+\dfrac{\rho}{k_0^2\alpha}\dfrac{\partial}{\partial z}\left(\dfrac{1}{\rho}\dfrac{\partial\alpha}{\partial z}\right)$，$n$ 为介质折射率。当海洋介质对声波的传播存在吸收时，折射率 $n=\left(c_0/c\right)\left(1+\mathrm{i}\eta\alpha\right)$ 为复数，c 为介质声速，c_0 为参考声速，α 为介质的声吸收系数，$\eta=1/\left(40\pi\lg\mathrm{e}\right)$。

根式算子 $\sqrt{1+Y+Z}$ 不同的近似方式可以得到许多的三维抛物方程模型，也决定了模型的计算精度。最初采用泰勒近似将根式算子展开成 Y 和 Z 线性表示的形式，即

$$\sqrt{1+Y+Z}=1+\dfrac{1}{2}\left(Y+Z\right) \tag{6-5}$$

上述近似方式获得的模型称作标准三维抛物方程模型，该模型在深度和水平方向均为窄角近似。尽管三维抛物方程模型近似公式还包括其他的形式，大部分的高阶三维抛物方程模型采用下面的近似形式[1]：

$$\sqrt{1+Y+Z}=-1+\sqrt{1+Y}+\sqrt{1+Z} \tag{6-6}$$

上述近似方式将三维根式算子近似展开成两个二维根式算子和的形式，此种展开方式的优点是可以充分采用二维抛物方程模型根式算子处理的成熟理论。根据深度算子和水平算子的近似方式不同，可以获得深度算子和水平算子均为窄角近似、深度算子为大角度近似和水平算子为窄角近似、深度算子和水平算子均为大角度近似的三大类多种三维抛物方程模型。然而，可以看出，上述根式算子近似方式严格来说并不具有超宽角性能，因为忽略了如下的深度算子和水平算子交叉项的影响：

$$YZ,YZ^2,Y^2Z,Y^2Z^2,\cdots,Y^mZ^n\,(m=1,2,3,\cdots,\infty;n=1,2,3,\cdots,\infty)$$

但是，上述算子交叉项的使用可以有效地改善抛物方程模型声场计算结果的相位误差，获得更好的声线传播角度。

为了得到一个更宽角的抛物方程模型，二维根式算子采用 Lin 等[2]提出的包含交叉项的近似方法：

$$\sqrt{1+Y+Z}=-1+\sqrt{1+Y}+\sqrt{1+Z}-\left(-1+\sqrt{1+Y}\right)\left(-1+\sqrt{1+Z}\right)/2$$
$$-\left(-1+\sqrt{1+Z}\right)\left(-1+\sqrt{1+Y}\right)/2 \tag{6-7}$$

上式为二维根式算子围绕 $\sqrt{1+Y}=1$ 和 $\sqrt{1+Z}=1$ 的二阶泰勒展开式，包含深度算子和水平算子的交换相乘项。通常情况下，海洋环境参数变化较小，本章假定算子之间可以交换，因此近似方式变为

$$\sqrt{1+Y+Z} = -1 + \sqrt{1+Y} + \sqrt{1+Z} - \left(-1+\sqrt{1+Y}\right)\left(-1+\sqrt{1+Z}\right) \tag{6-8}$$

包含交叉项的近似方式在进行求解时，网格可以划分更小的间隔，甚至可以达到 1/15 个波长，可以大大降低声场计算结果的相位误差。

上述近似条件下，式（6-4）可以近似为

$$u\left(r+\Delta r\right) = \mathrm{e}^{\delta}\mathrm{e}^{\delta\left(\sqrt{1+Y}-1\right)}\mathrm{e}^{\delta\left(\sqrt{1+Z}-1\right)}\mathrm{e}^{-\delta\left(\sqrt{1+Y}-1\right)\left(\sqrt{1+Z}-1\right)}u\left(r\right) \tag{6-9}$$

式中，$\delta = \mathrm{i}k_0\Delta r$。式（6-9）中的最后一项采用泰勒近似展开：

$$\mathrm{e}^{-\delta\left(\sqrt{1+Y}-1\right)\left(\sqrt{1+Z}-1\right)} = 1 + \sum_{m=1}^{\infty}\frac{1}{m!}\left[-\delta\left(\sqrt{1+Y}-1\right)\left(\sqrt{1+Z}-1\right)\right]^m \tag{6-10}$$

为了简化计算过程，减少计算的复杂度，使用下面的算子近似方法：

$$\sqrt{1+G}-1 = \frac{1}{\delta}\left[\mathrm{e}^{\delta\left(\sqrt{1+G}-1\right)}-1\right] \tag{6-11}$$

为了获得更宽角的近似结果，应用如下的高阶 Padé 近似方法：

$$\mathrm{e}^{\delta\left(\sqrt{1+G}-1\right)} = \prod_{l=1}^{L}\frac{1+a_{l,L}G}{1+b_{l,L}G} \tag{6-12}$$

式中，L、$a_{l,L}$、$b_{l,L}$ 分别是 Padé 近似的阶数和系数。

最后，可以获得声场递推求解式：

$$\begin{aligned} &u\left(r+\Delta r\right)\\ &= \mathrm{e}^{\delta}\prod_{l=1}^{L_1}\frac{1+a_{l,L_1}Y}{1+b_{l,L_1}Y}\prod_{l=1}^{L_2}\frac{1+a_{l,L_2}Z}{1+b_{l,L_2}Z}\left[1+\sum_{m=1}^{\infty}\frac{(-1)^m}{m!\delta^m}\left(\prod_{l=1}^{L_1}\frac{1+a_{l,L_1}Y}{1+b_{l,L_1}Y}-1\right)^m\left(\prod_{l=1}^{L_2}\frac{1+a_{l,L_2}Z}{1+b_{l,L_2}Z}-1\right)^m\right]u\left(r\right) \end{aligned}$$

$$\tag{6-13}$$

式中，L_1、L_2 为 Padé 近似的阶数；a_{l,L_1}、b_{l,L_1}、a_{l,L_2}、b_{l,L_2} 为 Padé 近似的系数。上述递推求解公式右端括号里面的项为算子的交叉项。应用 Galerkin 离散方法对递推格式离散，可以得出声场递推求解公式，进而用于三维声场的求解。

6.1.2 自初始场

抛物方程模型在计算声场时采用分裂-步进的求解方法，即由前一个距离间隔处的声场递推得到下一个步长处的声场，由近及远依次求解整个计算域内的声场。因此，初始距离处声场的结果将大大影响整个计算域内的声场计算精度。虽然许多近似函数可以用来求解自初始场[3-5]，但计算结果并没有充分考虑海底环境参数的影响，使得初始场计算结果的精度非常有限。为了构建高精度自初始场，本章借鉴二维高阶流体抛物方程模型初始场的计算方法，提出了适用于三维柱坐标系下抛物方程模型的伪三维（N×2D）自初始场计算方法。该方法虽然忽略了靠近声源处水平方位角之间的耦合效应，但是考虑了海洋环境参数的深度变化，可以满足计算精度的要求。

不考虑近距离水平方位海洋环境参数的变化，对于任意方位角 θ，谐和点源激发的声场分布满足二维亥姆霍兹方程：

$$\frac{\partial^2 P(r,\theta,z)}{\partial r^2} + \frac{1}{r}\frac{\partial P(r,\theta,z)}{\partial r} + \rho(r,\theta,z)\frac{\partial}{\partial z}\frac{1}{\rho(r,\theta,z)}\frac{\partial P(r,\theta,z)}{\partial z}$$

$$+k^2(r,\theta,z)P(r,\theta,z) = -\frac{2}{r}\delta(r)\delta(z-z_s) \tag{6-14}$$

为了简化推导过程，变量中有关水平方位的函数不再标出 θ 坐标，但应当注意，虽然忽略了水平方位角之间的声传播能量耦合，但环境参数随着方位角是可以发生改变的。

根据简正波理论，方程（6-14）的形式解可以表示成

$$P(r,z) = i\pi\sum_j \varphi_j(z)\varphi_j(z_s)H_0^{(1)}(k_j r) \tag{6-15}$$

式中，z_s 为声源深度；$H_0^{(1)}$ 为第一类零阶汉克尔函数。

本征函数 $\varphi_j(z)$ 和本征值 k_j 满足如下的本征方程：

$$\rho\frac{d}{dz}\left[\frac{1}{\rho}\frac{d\varphi_j(z)}{dz}\right] + k^2\varphi_j(z) = k_j^2\varphi_j(z) \tag{6-16}$$

汉克尔函数可以进行远场近似展开，方程（6-15）可以写成

$$P(r,z) = \sum_j \sqrt{\frac{2\pi i}{k_j r}}\varphi_j(z_s)\varphi_j(z)\exp(ik_j r) \tag{6-17}$$

根据抛物方程近似理论，仅仅考虑向外传播的声波，式（6-14）可以表示成

$$\frac{\partial P}{\partial r} = ik_0\sqrt{1+X}P \tag{6-18}$$

式中，$k_0\sqrt{1+X} = \sqrt{\rho\frac{\partial}{\partial z}\left(\frac{1}{\rho}\frac{\partial}{\partial z}\right) + k^2}$。

结合式（6-16），可以得出如下关系：

$$k_0^2(1+X)\varphi_j = k_j^2\varphi_j \tag{6-19}$$

式（6-19）采用算子线性变换，可以得出

$$k_0 \sqrt{1+X}\,\varphi_j = k_j \varphi_j$$
$$\sqrt{k_0}\,(1+X)^{1/4}\,\varphi_j = \sqrt{k_j}\,\varphi_j \tag{6-20}$$

另外，冲击函数可以表示成正交完备的简正波函数集的形式，即

$$\delta(z - z_s) = \sum_j \varphi_j(z_s)\varphi_j(z) \tag{6-21}$$

将式（6-20）和式（6-21）代入式（6-17），可以获得

$$P(r,\theta,z) = \sqrt{\frac{2\pi i}{k_0 r}}\,(1+X)^{-1/4}\,e^{ik_0 r\sqrt{1+X}}\,\delta(z - z_s) \tag{6-22}$$

式（6-22）中，由于冲击函数存在奇异性，有可能引起程序计算的不稳定，因此，在声源项中添加一个可逆的微分算子。通常，选择的微分算子为 $\xi(z) = (1 + vX)^{-2}\,\delta(z - z_s)$，代入上式可以得出

$$P(r,\theta,z) = \sqrt{\frac{2\pi i}{k_0 r}}\,(1+X)^{-1/4}\,(1+vX)^2\,e^{ik_0 r\sqrt{1+X}}\,\xi(z) \tag{6-23}$$

式中，参数 v 的选取必须适合，使得矩阵 $1+vX$ 为可逆矩阵。对于大多数问题，选择 $v=1$ 或者 $v=2$ 是非常有效的。但是，当忽略海底介质中的声吸收时，此时矩阵 $1+vX$ 不满秩，无法算出所有的本征值，使得亥姆霍兹方程的解为无穷多个，数值结果会发生发散的情况；另外，当海水中的声吸收系数很小时，矩阵的某个本征值会非常小，也会引起计算结果的发散。因此，参数 v 的选择要根据不同的海洋环境进行适当的调整。

采用 Padé 近似来处理式（6-23），得出分裂-步进格式的自初始场求解表达式：

$$P(\Delta r,\theta,z) = \sqrt{\frac{2\pi i}{k_0 \Delta r}}\,e^{ik_0 \Delta r}\prod_{j=1}^{n}\frac{1+\alpha_{j,n}X}{1+\beta_{j,n}X}\,\xi(z) \tag{6-24}$$

式中，α、β 为在不同算子情况下的 Padé 近似系数。采用 Galerkin 离散方法可以计算得出三维柱坐标系下抛物方程模型的自初始场。

6.1.3　网格划分及矩阵方程

三维柱坐标系下抛物方程模型在求解时，网格在 r、θ、z 三个坐标方向进行划分。在深度方向为半无限海底，采用人工吸收层进行截断。由于方位角 θ 方向取值是无限的，因此本章类比深度方向的处理方法在方位角计算域外侧添加两层人工吸收层，分别在顺时针方向和逆时针方向计算域最外侧。

如图 6-1～图 6-3 所示，在柱坐标系下的 r、θ、z 三个坐标方向分别以间隔 Δr、$\Delta \theta$、Δz 进行划分，计算域的大小范围分别为 $(0, r_{max})$、$(0, z_{max} + z_{att})$、$(-\theta_{max} - \theta_{att}, \theta_{max} + \theta_{att})$，网格划分的个数分别为 L、M、N。在进行网格划分时，网格间隔需要满足一定的范围，可使声场计算结果满足计算精度的要求，并且不会发散。通常，Δr 的范围在 1/6 到 1/3 个波长；Δz 的范围在 1/15 到 1/6 个波长之间；$\Delta \theta$ 的取值范围较广，可参考计算距离的大小进行相应调整，使得弧长划分间隔不至于太大。

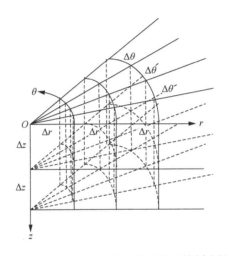

图 6-1　在柱坐标系下的三维空间网格划分图

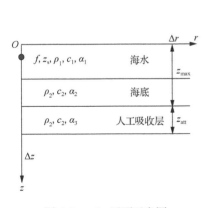

图 6-2　rOz 平面示意图

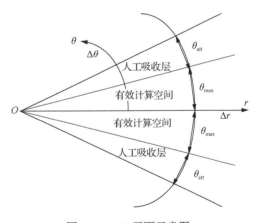

图 6-3　$rO\theta$ 平面示意图

声场求解简单来说就是已知 $u(r)$，求解 $u(r+\Delta r)$ 的过程。式（6-13）给出了求解公式，下面对公式中的各部分进行逐步求解。总体上，声场的求解可以划分成三步：

$$u_1(r,\theta,z) = \left[1 + \sum_{m=1}^{\infty} \frac{(-1)^m}{m!\delta^m}(L_y-1)^m(L_z-1)^m\right]u(r,\theta,z) \qquad (6\text{-}25\text{a})$$

$$u_2(r,\theta,z) = L_z u_1(r,\theta,z) \qquad (6\text{-}25\text{b})$$

$$u(r+\Delta r,\theta,z) = L_y u_2(r,\theta,z) \qquad (6\text{-}25\text{c})$$

式中，$L_y = \prod\limits_{l=1}^{L_1} \dfrac{1+a_{l,L_1}Y}{1+b_{l,L_1}Y}$ 为水平作用算子；$L_z = \prod\limits_{l=1}^{L_2} \dfrac{1+a_{l,L_2}Z}{1+b_{l,L_2}Z}$ 为深度作用算子。

通常，系数 $m=1$，就可以满足计算精度的要求。可以看出，上述三步运算的核心主要集中在算子 L_y 和 L_z 的作用过程，其余的运算均是加减法运算。下面对算子的作用过程采用矩阵运算进行详细的说明。为了便于描述，采用下面的形式进行说明：

$$U_z(r,\theta,z) = \prod_{l=1}^{L_2} \frac{1+a_{l,L_2}Z}{1+b_{l,L_2}Z}U(r,\theta,z) \qquad (6\text{-}26\text{a})$$

$$U_y(r,\theta,z) = \prod_{l=1}^{L_1} \frac{1+a_{l,L_1}Y}{1+b_{l,L_1}Y}U(r,\theta,z) \qquad (6\text{-}26\text{b})$$

首先，讨论式（6-26a）深度算子的作用过程。将该式两端同时乘以右端的分母项，可以得到

$$\prod_{l=1}^{L_2}\left(1+b_{l,L_2}Z\right)U_z(r,\theta,z) = \prod_{l=1}^{L_2}\left(1+a_{l,L_2}Z\right)U(r,\theta,z) \qquad (6\text{-}27)$$

式中，两端均为 L_2 次相乘的形式，可以逐次计算，即

$$k_0\left(1+b_{1,L_2}Z\right)U_{z,1}(r,\theta,z) = k_0\left(1+a_{1,L_2}Z\right)U(r,\theta,z)$$

$$k_0\left(1+b_{2,L_2}Z\right)U_{z,2}(r,\theta,z) = k_0\left(1+a_{2,L_2}Z\right)U_{z,1}(r,\theta,z)$$

$$\cdots\cdots$$

$$k_0\left(1+b_{l,L_2}Z\right)U_{z,l}(r,\theta,z) = k_0\left(1+a_{l,L_2}Z\right)U_{z,l-1}(r,\theta,z)$$

$$\cdots\cdots$$

$$k_0\left(1+b_{L_2-1,L_2}Z\right)U_{z,L_2-1}(r,\theta,z) = k_0\left(1+a_{L_2-1,L_2}Z\right)U_{z,L_2-2}(r,\theta,z)$$

$$k_0\left(1+b_{L_2,L_2}Z\right)U_{z,L_2}\left(r,\theta,z\right)=k_0\left(1+a_{L_2,L_2}Z\right)U_{z,L_2-1}\left(r,\theta,z\right)$$

采用 Galerkin 离散方法对 z 坐标进行离散，上述公式中的每一步都可以写成矩阵方程的形式，即

$$R\cdot O=S\cdot I$$

式中，

$$R=\begin{pmatrix} R(1) & & & & & \\ & R(2) & & & & \\ & & \ddots & & & \\ & & & R(m) & & \\ & & & & \ddots & \\ & & & & & R(M-1) & \\ & & & & & & R(M) \end{pmatrix}$$

$$R(m)=\begin{pmatrix} r_2(m,1) & r_3(m,1) & & & & \\ r_1(m,2) & r_2(m,2) & r_3(m,2) & & & \\ & \ddots & \ddots & \ddots & & \\ & & r_1(m,N-1) & r_2(m,N-1) & r_3(m,N-1) \\ & & & r_1(m,N) & r_2(m,N) \end{pmatrix}$$

$$S=\begin{pmatrix} S(1) & & & & & \\ & S(2) & & & & \\ & & \ddots & & & \\ & & & S(m) & & \\ & & & & \ddots & \\ & & & & & S(M-1) & \\ & & & & & & S(M) \end{pmatrix}$$

$$S(m)=\begin{pmatrix} s_2(m,1) & s_3(m,1) & & & & \\ s_1(m,2) & s_2(m,2) & s_3(m,2) & & & \\ & \ddots & \ddots & \ddots & & \\ & & s_1(m,N-1) & s_2(m,N-1) & s_3(m,N-1) \\ & & & s_1(m,N) & s_2(m,N) \end{pmatrix}$$

$$I = \begin{pmatrix} I(1,1) \\ \vdots \\ I(1,N) \\ I(2,1) \\ \vdots \\ I(2,N) \\ \vdots \\ I(M-1,1) \\ \vdots \\ I(M-1,N) \\ I(M,1) \\ \vdots \\ I(M,N) \end{pmatrix} ; \quad O = \begin{pmatrix} I(1,1) \\ \vdots \\ I(1,N) \\ O(2,1) \\ \vdots \\ O(2,N) \\ \vdots \\ O(M-1,1) \\ \vdots \\ O(M-1,N) \\ O(M,1) \\ \vdots \\ O(M,N) \end{pmatrix}$$

$$r_1(m,n) = \frac{1}{6}k_0^2 + b_{l,L_2}\left\{\frac{1}{2\Delta z^2}f_1(m,n)[f_2(m,n-1)+f_2(m,n)]f_3(m,n-1)\right.$$
$$\left. +\frac{1}{12}[\kappa^2(m,n-1)+\kappa^2(m,n)]\right\}$$

$$r_2(m,n) = \frac{2}{3}k_0^2 + b_{l,L_2}\left\{-\frac{1}{2\Delta z^2}f_1(m,n)[f_2(m,n-1)+2f_2(m,n)+f_2(m,n+1)]f_3(m,n)\right.$$
$$\left. +\frac{1}{12}[\kappa^2(m,n-1)+6\kappa^2(m,n)+\kappa^2(m,n+1)]\right\}$$

$$r_3(m,n) = \frac{1}{6}k_0^2 + b_{l,L_2}\left\{\frac{1}{2\Delta z^2}f_1(m,n)[f_2(m,n)+f_2(m,n+1)]f_3(m,n+1)\right.$$
$$\left. +\frac{1}{12}[\kappa^2(m,n)+\kappa^2(m,n+1)]\right\}$$

$$s_1(m,n) = \frac{1}{6}k_0^2 + a_{l,L_2}\left\{\frac{1}{2\Delta z^2}f_1(m,n)[f_2(m,n-1)+f_2(m,n)]f_3(m,n-1)\right.$$
$$\left. +\frac{1}{12}[\kappa^2(m,n-1)+\kappa^2(m,n)]\right\}$$

$$s_2(m,n) = \frac{2}{3}k_0^2 + a_{l,L_2}\left\{-\frac{1}{2\Delta z^2}f_1(m,n)[f_2(m,n-1)+2f_2(m,n)+f_2(m,n+1)]f_3(m,n)\right.$$
$$\left. +\frac{1}{12}[\kappa^2(m,n-1)+6\kappa^2(m,n)+\kappa^2(m,n+1)]\right\}$$

$$s_3(m,n) = \frac{1}{6}k_0^2 + a_{l,L_2}\left\{\frac{1}{2\Delta z^2}f_1(m,n)[f_2(m,n)+f_2(m,n+1)]f_3(m,n+1)\right.$$

$$\left. + \frac{1}{12}[\kappa^2(m,n)+\kappa^2(m,n+1)]\right\}$$

$$\kappa^2(m,n) = k^2(y(m),z(n)) - k_0^2$$

$$f_1(m,n) = \rho(y(m),z(n))\sqrt{c_0}\,/\,\sqrt{\rho(y(m),z(n))c(y(m),z(n))}$$

$$= \rho(y(m),z(n))\,/\,\alpha(y(m),z(n))$$

$$f_2(m,n) = 1\,/\,\rho(y(m),z(n))$$

$$f_3(m,n) = \sqrt{\rho(y(m),z(n))c(y(m),z(n))}\,/\,\sqrt{c_0} = \alpha(y(m),z(n))$$

$$(m=1,2,3,\cdots,M;n=1,2,3,\cdots,N)$$

求解矩阵方程，可以求解出式（6-26a）。

其次，讨论式（6-26b）。虽然求解过程类似，但由于作用变量不同，因此矩阵表达式完全不同。公式两端乘以右端的分母项，可得

$$\prod_{l=1}^{L_1}\left(1+b_{l,L_1}Y\right)U_y(r,\theta,z) = \prod_{l=1}^{L_1}\left(1+a_{l,L_1}Y\right)U(r,\theta,z) \tag{6-28}$$

分成 L_1 步进行求解，即

$$k_0\left(1+b_{1,L_1}Y\right)U_{y,1}(r,\theta,z) = k_0\left(1+a_{1,L_1}Y\right)U(r,\theta,z)$$

$$k_0\left(1+b_{2,L_1}Y\right)U_{y,2}(r,\theta,z) = k_0\left(1+a_{2,L_1}Y\right)U_{y,1}(r,\theta,z)$$

$$\cdots\cdots$$

$$k_0\left(1+b_{l,L_1}Y\right)U_{y,l}(r,\theta,z) = k_0\left(1+a_{l,L_1}Y\right)U_{y,l-1}(r,\theta,z)$$

$$\cdots\cdots$$

$$k_0\left(1+b_{L_1-1,L_1}Y\right)U_{y,L_1-1}(r,\theta,z) = k_0\left(1+a_{L_1-1,L_1}Y\right)U_{y,L_1-2}(r,\theta,z)$$

$$k_0\left(1+b_{L_1,L_1}Y\right)U_{y,L_1}(r,\theta,z) = k_0\left(1+a_{L_1,L_1}Y\right)U_{y,L_1-1}(r,\theta,z)$$

采用 Galerkin 离散方法对 y 坐标进行离散，上述公式中的每一步也都可以写成矩阵方程的形式，即

$$R \cdot O = S \cdot I$$

式中，

$$R = \begin{pmatrix} R(1) & & & & & & \\ & R(2) & & & & & \\ & & \ddots & & & & \\ & & & R(n) & & & \\ & & & & \ddots & & \\ & & & & & R(N-1) & \\ & & & & & & R(N) \end{pmatrix}$$

$$R(n) = \begin{pmatrix} r_2(1,n) & r_3(1,n) & & & \\ r_1(2,n) & r_2(2,n) & r_3(2,n) & & \\ & \ddots & \ddots & \ddots & \\ & & r_1(M-1,n) & r_2(M-1,n) & r_3(M-1,n) \\ & & & r_1(M,n) & r_2(M,n) \end{pmatrix}$$

$$S = \begin{pmatrix} S(1) & & & & & & \\ & S(2) & & & & & \\ & & \ddots & & & & \\ & & & S(n) & & & \\ & & & & \ddots & & \\ & & & & & S(N-1) & \\ & & & & & & S(N) \end{pmatrix}$$

$$S(n) = \begin{pmatrix} s_2(1,n) & s_3(1,n) & & & \\ s_1(2,n) & s_2(2,n) & s_3(2,n) & & \\ & \ddots & \ddots & \ddots & \\ & & s_1(M-1,n) & s_2(M-1,n) & s_3(M-1,n) \\ & & & s_1(M,n) & s_2(M,n) \end{pmatrix}$$

$$I = \begin{pmatrix} I(1,1) \\ \vdots \\ I(M,1) \\ I(1,2) \\ \vdots \\ I(M,2) \\ \vdots \\ I(1,N-1) \\ \vdots \\ I(M,N-1) \\ I(1,N) \\ \vdots \\ I(M,N) \end{pmatrix} ; \quad O = \begin{pmatrix} O(1,1) \\ \vdots \\ O(M,1) \\ O(1,2) \\ \vdots \\ O(M,2) \\ \vdots \\ O(1,N-1) \\ \vdots \\ O(M,N-1) \\ O(1,N) \\ \vdots \\ O(M,N) \end{pmatrix}$$

$$r_1(m,n) = \frac{1}{6}k_0^2 + b_{l,L_1}\left\{ \frac{1}{2\Delta y^2} f_1(m,n)[f_2(m-1,n) + f_2(m,n)]f_3(m-1,n) \right\}$$

$$r_2(m,n) = \frac{2}{3}k_0^2 + b_{l,L_1}\left\{ -\frac{1}{2\Delta y^2} f_1(m,n)[f_2(m-1,n) + 2f_2(m,n) + f_2(m+1,n)]f_3(m,n) \right\}$$

$$r_3(m,n) = \frac{1}{6}k_0^2 + b_{l,L_1}\left\{ \frac{1}{2\Delta y^2} f_1(m,n)[f_2(m,n) + f_2(m+1,n)]f_3(m+1,n) \right\}$$

$$s_1(m,n) = \frac{1}{6}k_0^2 + a_{l,L_1}\left\{ \frac{1}{2\Delta y^2} f_1(m,n)[f_2(m-1,n) + f_2(m,n)]f_3(m-1,n) \right\}$$

$$s_2(m,n) = \frac{2}{3}k_0^2 + a_{l,L_1}\left\{ -\frac{1}{2\Delta y^2} f_1(m,n)[f_2(m-1,n) + 2f_2(m,n) + f_2(m+1,n)]f_3(m,n) \right\}$$

$$s_3(m,n) = \frac{1}{6}k_0^2 + a_{l,L_1}\left\{ \frac{1}{2\Delta y^2} f_1(m,n)[f_2(m,n) + f_2(m+1,n)]f_3(m+1,n) \right\}$$

求解矩阵方程，可以求解出式（6-26b）。

经过上面的求解过程，最终可以实现声场的逐步递推求解。

6.2 三维柱坐标系下模型的标准检验 问题与仿真分析

为了检验三维柱坐标系下高阶抛物方程模型的有效性，本节将针对多种典型环境下的声传播进行仿真研究，分别考虑水平波导、楔形波导和具有锥形海底山的波导，并将模型计算结果与其他声场计算模型计算结果进行比较。

6.2.1 水平波导

如图 6-4 所示的水平波导，声源深度 100m，频率为 25Hz，海底深度为 200m，海水中声速为 1500m/s、密度为 1g/cm^3，海底中声速为 1700m/s、密度为 1.5g/cm^3、声吸收系数为 $0.5\text{dB}/\lambda$。由 N×2D 模型、Lin 等[2]提出的三维直角坐标系下抛物方程模型（直角 3DPE）和本章提出的模型（柱 3DPE）计算得出传播损失曲线和传播损失分布伪彩图。

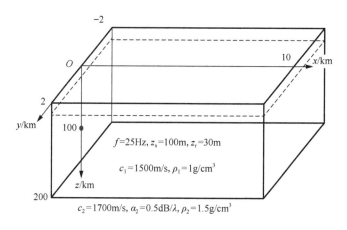

图 6-4　水平波导示意图

从图 6-5 可以看出，除靠近声源的区域外，三种模型计算得到的声压传播损失结果吻合得很好，水平面内干涉结构非常一致，虽然传播损失曲线存在一些细微的不同，但考虑到数值计算和网格划分的原因，出现一定的细小误差是可以接受的。但是，对于靠近声源处的声场，Lin 等[2]提出的三维直角坐标系下抛物方程模型与其他模型差别较大，且该差别具有辐射状。需要特别指出的是，本章采用的 N×2D 模型并不是 For3D，而是在不同方位角方向独立使用二维抛物方程模型 RAM 进行求解声场，计算精度更高。由于水平波导中声波传播时不存在水平方位角方向的耦合，因此本章提出的模型计算结果和高阶 N×2D 模型计算结果基本相同。

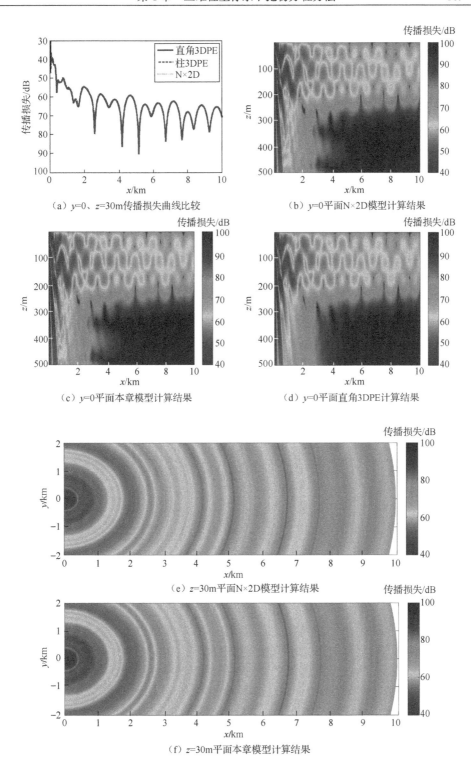

（a）$y=0$、$z=30\text{m}$传播损失曲线比较

（b）$y=0$平面 N×2D 模型计算结果

（c）$y=0$平面本章模型计算结果

（d）$y=0$平面直角3DPE计算结果

（e）$z=30\text{m}$平面 N×2D 模型计算结果

（f）$z=30\text{m}$平面本章模型计算结果

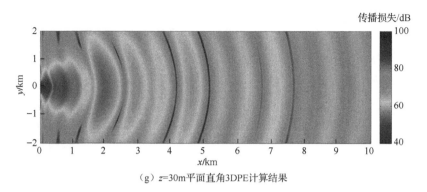

（g）z=30m平面直角3DPE计算结果

图 6-5　水平波导中声压传播损失结果（彩图扫封底二维码）

6.2.2　楔形波导

楔形海底（ASA 标准楔形波导）是一种比较典型的海洋地形，与海洋大陆架斜坡的构造相一致，分析其中的声场传播特性具有比较实际的意义和研究价值。图 6-6 给出了楔形海底海洋波导的结构图，楔角为 2.86°，声源位于远离楔角 4km 距离、100m 深度处，声源频率为 25Hz。海水中声速为 1500m/s、密度为 $1g/cm^3$，海底中声速为 1700m/s、密度为 $1.5g/cm^3$、声吸收系数为 $0.5dB/\lambda$。

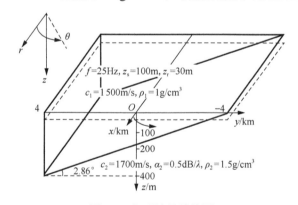

图 6-6　楔形波导结构图

楔形海底问题是一个较为典型的问题，可以将其分成两个问题进行研究，即横向声传播问题（垂直于斜坡）和纵向声传播问题（沿着斜坡）。本章采用柱坐标系进行声场求解，为了消除边界效应对递推求解过程的影响，在 z、θ 方向分别设置了人工吸收层，其中 θ 方向在两侧分别设置了人工吸收层，z 方向为了模拟半无限海底添加了一层人工吸收层。另外，为了得到 2π 角度的声场精确解，模型在计算中每一侧添加了 $\pi/2$ 角度的声场附加宽度和人工吸收层宽度。图 6-7 为 z=30m 的全角度声压传播损失分布伪彩图，给出了距离声源中心 12km 范围内的声场分布。为了验证本章模型的正确性和可靠性，针对上述两个问题，将本章计算结果与其他方法计算结果进行比较。

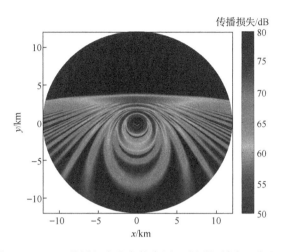

图 6-7　z=30m 传播损失分布伪彩图（彩图扫封底二维码）

　　Lin 等[2]提出了一种基于分裂-步进和高阶 Padé 近似的三维直角坐标系下流体抛物方程模型，并分析了楔形海域横向声传播问题。楔形海域横向传播问题的声场分布计算可以较好地检验一个三维抛物方程模型的算子近似程度和计算精度。图 6-8 分别给出了本章模型和 Lin 等的模型沿楔形海域横向传播问题的传播损失分布伪彩图，其中图 6-8（a）是 $-\pi/2 \leqslant \theta \leqslant \pi/2$ 范围内的声场分布，图 6-8（b）是 Lin 等的模型得出的结果。图 6-9 给出了两种方法的传播损失曲线的比较结果。通过声压传播损失曲线和分布伪彩图可知，本章模型和 Lin 等的模型计算得到的声场分布和结果基本相同，并且相比于 Lin 等的模型，本章模型可以更加有效地计算全空间声场。

（a）本章模型得到的结果　　　　　　　　（b）Lin等的模型得到的结果

图 6-8　z=30m 沿 x 方向传播损失分布伪彩图（彩图扫封底二维码）

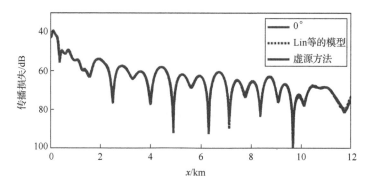

图 6-9　本章模型和 Lin 等的模型计算结果比较（θ =0°、z=30m）（彩图扫封底二维码）

　　楔形海域纵向传播问题，即上坡和下坡声传播问题，是研究三维声场分布的经典问题，本章模型计算的楔形问题中 $0° \leqslant \theta \leqslant \pi$ 和 $-\pi \leqslant \theta \leqslant 0°$ 范围内所研究的就是上坡和下坡问题。莫亚枭等[6]采用傅里叶变换技术和耦合简正波理论，建立了三维耦合简正波模型，用于计算水平变化波导中的三维声场分布，并研究了楔形海域上坡和下坡问题。图 6-10 和图 6-11 分别给出了本章模型和莫亚枭等的模型关于上坡和下坡问题的声压传播损失分布伪彩图。从图中可以看出两者声场结构吻合得很好，从而验证了模型的正确性。图 6-12 给出了本章模型和 RAM 得到声压传播损失曲线比较图，两者结果基本一致，再一次验证了本章模型的可靠性和正确性。另外，从图 6-12（a）中可以看出，For3D 计算结果与本章模型和 RAM 的计算结果存在较大偏差，说明 For3D 在计算三维声场时近似程度低，计算精度差，适用范围非常有限。

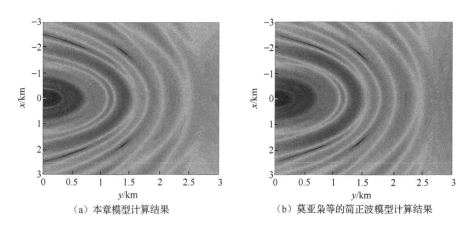

（a）本章模型计算结果　　　　　　　　　　（b）莫亚枭等的简正波模型计算结果

图 6-10　上坡问题 z=30m 传播损失分布伪彩图比较（彩图扫封底二维码）

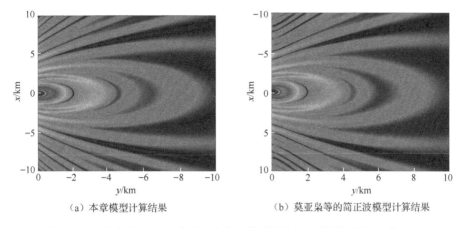

（a）本章模型计算结果　　　　　　　　　（b）莫亚枭等的简正波模型计算结果

图 6-11　下坡问题 $z=30$m 传播损失分布伪彩图比较（彩图扫封底二维码）

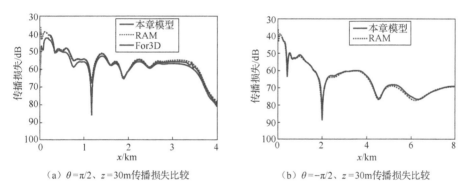

（a）$\theta=\pi/2$、$z=30$m 传播损失比较　　　　（b）$\theta=-\pi/2$、$z=30$m 传播损失比较

图 6-12　本章模型、RAM 和 For3D 计算结果比较（彩图扫封底二维码）

6.2.3　锥形海底山波导

不同于楔形波导，锥形海底山波导为海底地形随空间坐标三维变化的，声波在该地形环境下的传播更加复杂，对于三维模型的检验具有更加重要的意义。考虑如图 6-13 所示的几何参数和海底海洋声学环境参数，采用 N×2D 模型、莫亚枭等的三维耦合简正波模型和本章模型计算得到的声压传播损失结果见图 6-14。

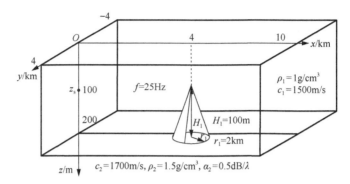

图 6-13　具有锥形海底山的三维波导结构图

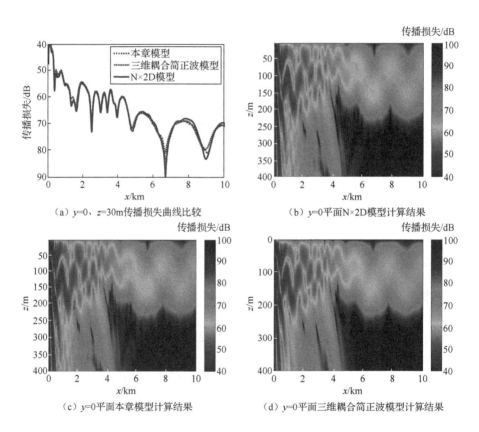

（a）$y=0$、$z=30$m传播损失曲线比较

（b）$y=0$平面N×2D模型计算结果

（c）$y=0$平面本章模型计算结果

（d）$y=0$平面三维耦合简正波模型计算结果

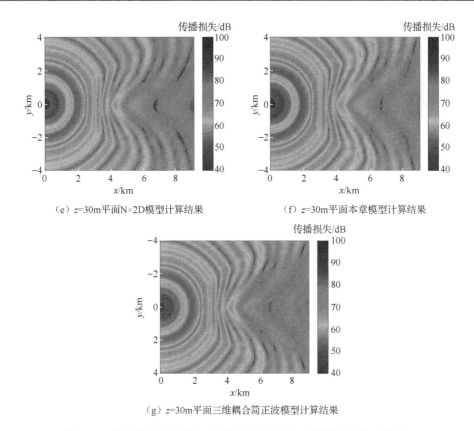

（e）z=30m平面N×2D模型计算结果　　　　　（f）z=30m平面本章模型计算结果

（g）z=30m平面三维耦合简正波模型计算结果

图 6-14　锥形海底山波导中声压传播损失结果（彩图扫封底二维码）

从图 6-14 可以看出，三种声传播模型计算得出的传播损失结果存在一定的差别。忽略网格划分和数值计算引入的误差，本章模型和莫亚枭等的三维耦合简正波模型计算结果一致，干涉结构基本相同，证明了本章模型在计算复杂三维海洋环境下声传播问题的有效性和正确性，而 N×2D 模型与之相比差别较大，干涉结构存在较大差异。相比于二维模型结果，三维模型计算的声场干涉结构在经过海底山后有所展宽，这就说明二维模型不再适用于圆锥山海域，这种二维模型结果和三维模型结果之间的差异是由声传播的三维效应引起的。由 $y = 0$ 平面传播损失分布伪彩图可以看出，三维相比于二维声场海底山后能量减少，山两侧能量增加，由于海底山的三维声传播效应，声波能量经过海底山向两侧转移。

6.3　三维声传播特性研究

上节采用三维柱坐标系下抛物方程模型仿真计算了水平波导、楔形波导和锥形海底山波导中声场结果，验证了模型的正确性。本节将采用新的模型分析复杂海洋环境下的三维声传播特性。虽然在许多水声传播问题中声波传播的水平折射是非常微弱的，采用二维模型计算得到的结果可以满足计算精度的要求。但是，许多特殊的海洋问题包含地形的变化和声速的水平变化，可以观测到较强的水平折射、声场衍射与声场能量耦合变化等三维声传播效应，这些问题的解决需要依赖三维模型。

6.3.1　海洋波导中三维声场效应强弱的评判

近些年来，人们开始意识到三维声传播效应的重要性，如何定量地衡量三维声传播效应的强弱成了一个比较棘手的问题。通常，采用三维模型与 N×2D 模型计算得到的声压传播损失结果的绝对差值来衡量。虽然可以直观地描述能量的差别，但描述得仍然不够细致。本节将从抛物方程模型算子近似的角度，给出两个可以评估特定的海洋环境中三维声传播效应强弱的量。

从式（6-8）中可以看出，指数根式算子近似时包含三部分：深度算子项、水平算子项以及水平算子和深度算子交叉项。先前的许多三维声传播模型没有考虑算子交叉项对声传播的影响，却仍然可以用于分析三维声传播效应。这是由于它们考虑了水平算子项的影响，可以分析某些特定海洋环境下的三维声传播效应。如果在某些环境下，水平算子和深度算子交叉项对声场计算结果的相对影响较小，此时可以认为此种海洋环境为弱三维环境，反之，该海洋环境为强三维环境。

在 N×2D 模型中，根式算子采用如下近似方式：

$$\sqrt{1+Y+Z} \approx \sqrt{1+Z} \tag{6-29}$$

此时声场递推格式为

$$u(r+\Delta r) = \mathrm{e}^{\delta} \prod_{l=1}^{L_2} \frac{1+a_{l,L_2}Z}{1+b_{l,L_2}Z} u(r) \tag{6-30}$$

不包含交叉项的算子近似方式为

$$\sqrt{1+Y+Z} \approx -1 + \sqrt{1+Y} + \sqrt{1+Z} \tag{6-31}$$

此时声场递推格式为

$$u(r+\Delta r) = \mathrm{e}^{\delta} \prod_{l=1}^{L_1} \frac{1+a_{l,L_1}Y}{1+b_{l,L_1}Y} \prod_{l=1}^{L_2} \frac{1+a_{l,L_2}Z}{1+b_{l,L_2}Z} u(r) \tag{6-32}$$

对于特定的海洋波导，假设采用 N×2D 模型、不包含交叉项的三维模型和本章模型计算得到的声压传播损失结果分别 TL_1、TL_2 和 TL_3，采用下面两个量作为考察三维声场效应的标准：

$$\begin{cases} \Delta TL_1 = \left| TL_3 - TL_2 \right| \\ \Delta TL_2 = \left| TL_3 - TL_1 \right| \end{cases} \tag{6-33}$$

上述两个量分别表征交叉项、交叉项和水平算子对声场计算结果的影响。严格来说，分析交叉项对三维声场计算结果的影响更能表现出来深度和水平方位的耦合程度，即深层次的三维效应。下面将采用上述两个量分析不同海洋环境下三维声场效应的强弱。

6.3.2　楔形波导和锥形海底山波导三维声场效应分析

声场仿真结果表明，不同于水平波导、楔形波导和锥形海底山波导中声传播存在三维声场效应，对其中三维声传播效应的分析具有重要的意义和研究价值。下面针对不同倾角的楔形波导和不同高度的锥形海底山波导中的声传播三维效应进行比较分析。

1. 楔形波导

楔形波导结构图如图 6-6 所示，仿真时采用楔角位置分别为 4km（倾角为 2.86°）和 8km（倾角为 1.43°）两种波导参数，声源参数、海水和海底声学参数保持相同。图 6-15 和图 6-16 给出了不同波导参数下采用抛物方程模型计算得出的 ΔTL_1 和 ΔTL_2 空间分布图。

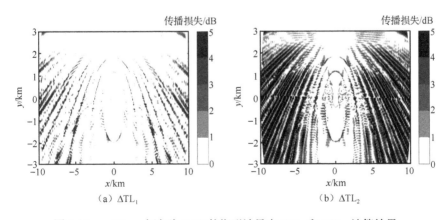

（a）ΔTL_1　　　　　　　　　　　　（b）ΔTL_2

图 6-15　z=30m、倾角为 2.86°的楔形波导中 ΔTL_1 和 ΔTL_2 计算结果

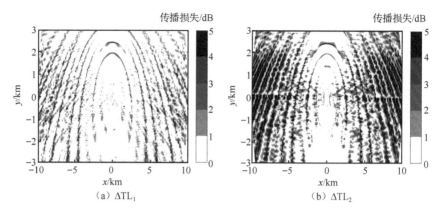

图 6-16　z=30m、倾角为 1.43°的楔形波导中 ΔTL_1 和 ΔTL_2 计算结果

从图 6-15 和图 6-16 中声压传播损失的差值分布结果可以得出以下结论。

（1）相比于三维抛物方程模型与 N×2D 模型的传播损失差，交叉项所引起的传播损失更能细致地描述三维声场效应的强弱程度。

（2）楔形波导中，声波在上下坡声源平面内的传播不存在三维声场效应，而在与上下坡平面垂直的声源平面内三维效应特别明显，这是由于在该区域海底地形变化剧烈，声线传播发生水平折射引起的。

（3）楔形波导的倾角越大，三维声传播效应越明显。

2. 锥形海底山波导

锥形海底山波导结构图如图 6-13 所示，仿真时采用海底山的高度分别为 100m 和 50m 两种波导参数，声源参数、海水和海底声学参数保持相同。图 6-17 和图 6-18 给出了不同波导参数下采用抛物方程模型计算得出的 ΔTL_1 和 ΔTL_2 空间分布图。

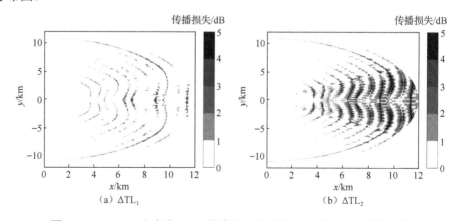

图 6-17　z=30m、山高为 100m 的海底山波导中 ΔTL_1 和 ΔTL_2 计算结果

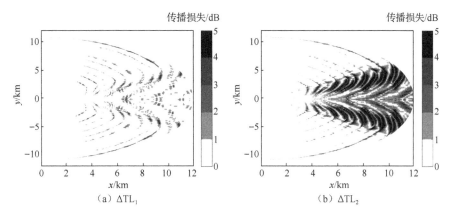

图 6-18　z=30m、山高为 50m 的海底山波导中 ΔTL_1 和 ΔTL_2 计算结果

从图 6-17 和图 6-18 中声压传播损失的差值分布结果可以得出以下结论。

（1）锥形海底山波导中，三维声场效应比较明显的区域主要集中在海底山所在的垂直空间内以及海底山后面区域。特别值得注意的是，在海底山顶部与声源所在的垂直平面内也存在强烈的三维声传播效应，这是锥形海底山表面的水平折射引起的，而山后的三维效应则是声场衍射引起的。

（2）锥形海底山波导中海底山的高度越大，所引起的三维声传播效应越明显，这是由地形变化的快慢所决定的。

6.4　三维抛物方程联合预报模型

本章提出的三维柱坐标系下抛物方程模型可以得出较为精确的预报结果，然而模型需要较长的计算时间，不利于声场的快速预报和实际应用。同时，N×2D模型作为一种三维声场预报模型，可以高效快速地进行声场计算，但是由于其忽略了水平方位角之间的声场耦合，当遇到海底山等地形随方位角强烈变化的海底环境时，模型预报结果误差较大。因此，本节提出了一种基于抛物方程近似的三维声场联合预报模型，当遇到水平不变海底环境时，采用 N×2D 模型进行声场计算；当遇到海底山等地形快速变化环境时，采用基于高阶 Padé 近似和能量守恒近似的三维流体柱坐标抛物方程模型进行声场计算。

为了验证联合模型的适用性和可靠性，本章对包含海底山的水平海底地形采用三种不同的模型进行了声场计算，分别是 N×2D 模型、三维柱坐标抛物方程模型和两个模型建立的联合模型。海底地形示意图如图 6-19 所示，声源放置在 100m 深度，声源频率为 25Hz。无吸收海水中声速为 1500m/s、密度为 1g/cm³；海底中声速为 1700m/s、密度为 1.5g/cm³、声吸收系数为 0.5dB/λ。200m 海底深处含有两个锥形山，中心位置分别位于 θ =0°、r =6km 和 r =16km 处，倾角为 2.86°。三种对海底山问题的声场计算方式分别为：①采用 N×2D 模型计算全空间声场（简记为 N×2D 模型）；②采用基于高阶 Padé 和能量守恒近似的三维流体柱坐标抛物方程模型计算全空间声场（简记为 3D 模型）；③采用三维柱坐标系下高阶抛物方程模型计算 4km<r<9km 和 14km<r<19km 范围内的声场，采用 N×2D 模型计算其余范围内的声场（简记为联合模型）。

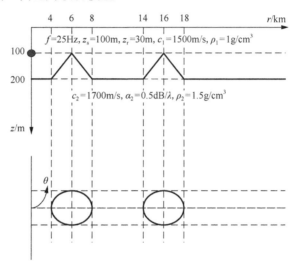

图 6-19　双海底山波导示意图

图 6-20 和图 6-21 分别给出了三种不同模型计算得出的 z=30m 的声压传播损失分布伪彩图和不同角度的声压传播损失曲线。数值仿真结果表明，联合模型可以得到和 3D 模型一致的计算精度的同时，又可以接近 N×2D 模型的计算速度。在预报大范围、远距离的声传播问题时，联合模型可以推广使用。

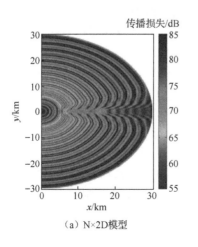

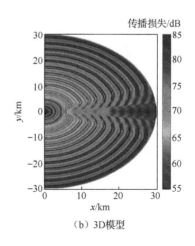

（a）N×2D模型　　　　　　　　　　　　（b）3D模型

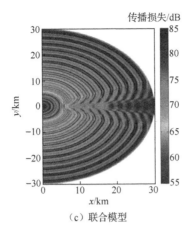

（c）联合模型

图 6-20 z=30m 声压传播损失分布伪彩图（彩图扫封底二维码）

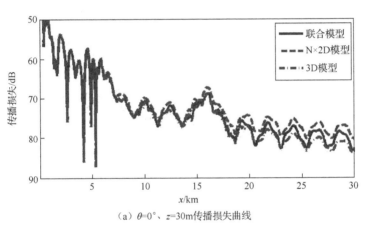

（a）θ=0°、z=30m传播损失曲线

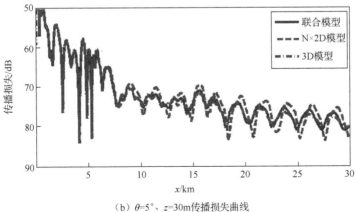

（b）θ=5°、z=30m传播损失曲线

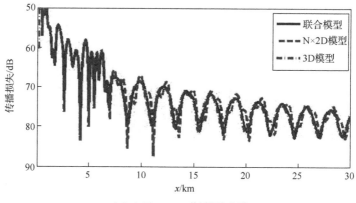

（c）$\theta=9°$、$z=30m$传播损失曲线

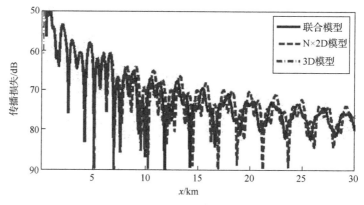

（d）$\theta=13.5°$、$z=30m$传播损失曲线

图 6-21　声压传播损失曲线（彩图扫封底二维码）

参 考 文 献

[1] Brooke G H, Thomson D J. Non-local boundary conditions for high-order parabolic equation algorithms[J]. Wave Motion, 2000, 31(2): 117-129.

[2] Lin Y T, Duda T F, Newhall A E. Three-dimensional sound propagation models using the parabolic-equation approximation and the split-step Fourier method[J]. Journal of Computational Acoustics, 2013, 21(1): 1250018.

[3] Etter P C. 水声建模与仿真[M]. 3 版. 蔡志明, 译. 北京: 电子工业出版社, 2005: 116, 141-142, 156.

[4] 潘长明, 高飞, 孙磊, 等. 浅海温跃层对水声传播损失场的影响[J]. 哈尔滨工程大学学报, 2014, 35(4): 401-407.

[5] Flatté S M, Vera M D. Comparison between ocean-acoustic fluctuations in parabolic-equation simulations and estimates from integral approximations[J]. The Journal of the Acoustical Society of America, 2003, 114(2): 697-706.

[6] 莫亚枭, 朴胜春, 张海刚, 等. 水平变化波导中的简正波耦合与能量转移[J]. 物理学报, 2014, 63(21): 214302.

第7章 三维弹性海底的抛物方程声场建模方法

近二十年来，抛物方程模型的适用范围主要在两个方面得到扩展：首先是对弹性海底的处理，即弹性抛物方程模型的建立；其次是对三维声场的计算，即三维抛物方程模型的建立。不过关于三维弹性抛物方程模型的建模研究，目前仍然较少。Nagem 等[1]推导了关于柱坐标系下三维弹性抛物方程模型的理论公式，不过该模型的数值算法目前仅适用于柱对称海底地形的情况。弹性海底海域中声场的三维抛物方程建模问题目前还没有完全解决。考虑到海底地形任意变化情况下流体-弹性体边界条件处理的复杂性，本章主要针对楔形弹性海底波导这一典型三维环境开展基于抛物方程的声传播建模研究，虽然楔形波导的几何形状十分简单，但它是近岸海域的典型代表，对于近岸海域中声传播规律的研究也有一定意义。

第一，本章在直角坐标系下（z 为深度方向，x 为上坡方向）推导出弹性抛物方程表达式，并利用坐标映射方法处理倾斜海底边界。第二，对抛物方程及相应的边界条件做 y 方向的傅里叶变换，从而将三维声场的求解问题转化成一系列二维声场的求解问题，并通过逆傅里叶变换合成三维声场。第三，对数值结果进行检验，并对数值结果在水平面上的角度限制进行分析。第四，利用所建立的弹性抛物方程模型进行了楔形海区声场计算与水平折射效应分析。第五，通过水池实验数据进一步检验了模型。

7.1 具有弹性海底的楔形海区中抛物方程的推导

要建立弹性抛物方程声场预报模型，首先要根据弹性运动方程推导出弹性抛物方程。较之于流体抛物方程，弹性抛物方程的推导过程更为复杂。流体抛物方程是根据亥姆霍兹方程 $(\nabla^2 + k^2)\phi = 0$ 导出的，其中 ϕ 为速度势函数或位移势函数，已略去时间因子 $\exp(-i\omega t)$。通过算子的因式分解，可将亥姆霍兹方程重写成

$$\left(\partial/\partial x - i\sqrt{\partial^2/\partial y^2 + \partial^2/\partial z^2 + k^2}\right)\left(\partial/\partial x + i\sqrt{\partial^2/\partial y^2 + \partial^2/\partial z^2 + k^2}\right)\phi = 0$$

式中，两个相乘的算子分别对应沿正向传播和反向传播的声波。若反向波能量比正向波能量小得多，则忽略反向波后可得流体抛物方程 $\partial\phi/\partial x = i\sqrt{\partial^2/\partial y^2 + \partial^2/\partial z^2 + k^2}\phi$。弹性抛物方程推导的难点在于弹性运动方程形式较复

杂，需要进行一系列变换后才能将弹性运动方程重写成类似于上式的因式分解形式。下面对弹性抛物方程进行推导。

考虑如图 7-1 所示的楔形海区声传播问题，并以上坡方向为 x 方向建立直角坐标系。声源为谐和点源，时间因子为 $\exp(-i\omega t)$。流体层（即海水层）中声速和密度分别记为 c_w 和 ρ_w。弹性海底中纵波声速、横波声速、密度分别为 c_p、c_s、ρ_b，纵波声吸收系数和横波声吸收系数分别为 α_p 和 α_s。根据牛顿第二定律，弹性运动方程可表示如下：

$$-\rho\omega^2 u = \frac{\partial \sigma_{xx}}{\partial_x} + \frac{\partial \sigma_{xy}}{\partial_y} + \frac{\partial \sigma_{xz}}{\partial_z} \tag{7-1a}$$

$$-\rho\omega^2 v = \frac{\partial \sigma_{yx}}{\partial_x} + \frac{\partial \sigma_{yy}}{\partial_y} + \frac{\partial \sigma_{yz}}{\partial_z} \tag{7-1b}$$

$$-\rho\omega^2 w = \frac{\partial \sigma_{zx}}{\partial_x} + \frac{\partial \sigma_{zy}}{\partial_y} + \frac{\partial \sigma_{zz}}{\partial_z} \tag{7-1c}$$

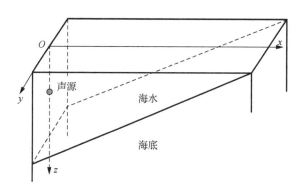

图 7-1　楔形波导示意图

由于流体介质可以视为弹性介质在 $c_s=0$ 时的特殊情况，故式（7-1）同时适用于海水与弹性海底。上式中 ρ 在海水中取 ρ_w，海底中取 ρ_b；ω 为角频率；u、v、w 分别为 x、y、z 方向的质点位移；σ_{ij} 表示 j 方向面元受到的 i 方向的应力。根据胡克定律，且假设介质无各向异性，则应力与应变满足以下关系：

$$
\begin{aligned}
\sigma_{xx} &= \lambda\Delta + \mu\varepsilon_{xx}, \quad \sigma_{xy} = \sigma_{yx} = \mu\varepsilon_{xy} = \mu\varepsilon_{yx} \\
\sigma_{yy} &= \lambda\Delta + \mu\varepsilon_{yy}, \quad \sigma_{yz} = \sigma_{zy} = \mu\varepsilon_{yz} = \mu\varepsilon_{zy} \\
\sigma_{zz} &= \lambda\Delta + \mu\varepsilon_{zz}, \quad \sigma_{xz} = \sigma_{zx} = \mu\varepsilon_{xz} = \mu\varepsilon_{zx}
\end{aligned}
\tag{7-2}
$$

式中，Δ 为膨胀量，其定义式为

$$\Delta = \frac{\partial u}{\partial x} + \frac{\partial v}{\partial y} + \frac{\partial w}{\partial z} \tag{7-3}$$

应变 ε 的各分量与位移的关系如下：

$$\varepsilon_{xx} = 2\frac{\partial u}{\partial x}, \quad \varepsilon_{xy} = \varepsilon_{yx} = \frac{\partial u}{\partial y} + \frac{\partial v}{\partial x}$$

$$\varepsilon_{yy} = 2\frac{\partial v}{\partial y}, \quad \varepsilon_{yz} = \varepsilon_{zy} = \frac{\partial v}{\partial z} + \frac{\partial w}{\partial y} \tag{7-4}$$

$$\varepsilon_{zz} = 2\frac{\partial w}{\partial z}, \quad \varepsilon_{xz} = \varepsilon_{zx} = \frac{\partial u}{\partial z} + \frac{\partial w}{\partial x}$$

λ 和 μ 为拉梅常数，是介质的固有参数，可表示为

$$\lambda = \rho\left(C_p^2 - 2C_s^2\right)$$

$$\mu = \rho C_s^2$$

其中，C_p、C_s 分别为 c_p、c_s 的复数形式，$C_p = c_p/(1 + i\eta\alpha_p)$，$C_s = c_s/(1 + i\eta\alpha_s)$，$\eta = (40\pi \lg e)^{-1}$。

如图 7-2 所示，我们沿 x 方向把楔形波导划分成一系列小区域（以下称步进区域），并近似地认为在步进区域内环境参数与 x 无关。需注意，虽然每个步进区域中环境参数不随 x 变化，但对于整个波导而言环境仍可沿 x 变化。

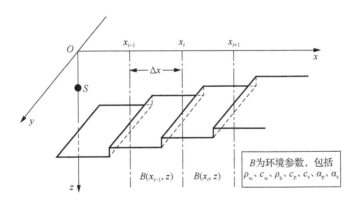

图 7-2　楔形波导区域分割示意图

为了进一步简化问题，我们假设在步进区域内环境参数与 y 也无关。将式（7-2）～式（7-4）代入式（7-1），并令 $\partial\rho/\partial x$、$\partial\lambda/\partial x$、$\partial\mu/\partial x$、$\partial\rho/\partial y$、$\partial\lambda/\partial y$、$\partial\mu/\partial y$ 为 0，可得到适用于任一步进区域的运动方程形式：

$$0 = \left(\lambda + 2\mu\right)\frac{\partial^2 u}{\partial x^2} + \rho\omega^2 u + \mu\frac{\partial^2 u}{\partial y^2} + \frac{\partial\mu}{\partial z}\frac{\partial u}{\partial z} + \mu\frac{\partial^2 u}{\partial z^2}$$

$$+ \lambda\frac{\partial^2 v}{\partial x\partial y} + \mu\frac{\partial v^2}{\partial x\partial y} + \lambda\frac{\partial w^2}{\partial x\partial z} + \frac{\partial\mu}{\partial z}\frac{\partial w}{\partial x} + \mu\frac{\partial^2 w}{\partial x\partial z} \qquad (7\text{-}5)$$

$$0 = \left(\lambda + 2\mu\right)\frac{\partial^2 v}{\partial y^2} + \rho\omega^2 v + \frac{\partial\mu}{\partial z}\frac{\partial v}{\partial z} + \mu\frac{\partial^2 v}{\partial z^2} + \mu\frac{\partial v^2}{\partial x^2}$$

$$+ \lambda\frac{\partial^2 w}{\partial y\partial z} + \frac{\partial\mu}{\partial z}\frac{\partial w}{\partial y} + \mu\frac{\partial^2 w}{\partial y\partial z} + \lambda\frac{\partial^2 u}{\partial x\partial y} + \mu\frac{\partial^2 u}{\partial x\partial y} \qquad (7\text{-}6)$$

$$0 = \left(\lambda + 2\mu\right)\frac{\partial^2 w}{\partial z^2} + \rho\omega^2 w + \frac{\partial\lambda}{\partial z}\frac{\partial w}{\partial z} + 2\frac{\partial\mu}{\partial z}\frac{\partial w}{\partial z} + \mu\frac{\partial^2 w}{\partial x^2} + \mu\frac{\partial^2 w}{\partial y^2}$$

$$+ \frac{\partial\lambda}{\partial z}\frac{\partial u}{\partial x} + \lambda\frac{\partial u^2}{\partial x\partial z} + \mu\frac{\partial^2 u}{\partial x\partial z} + \frac{\partial\lambda}{\partial z}\frac{\partial v}{\partial y} + \lambda\frac{\partial^2 v}{\partial y\partial z} + \mu\frac{\partial^2 v}{\partial y\partial z} \qquad (7\text{-}7)$$

改写成可分为正向波和反向波的形式，即

$$\left(\frac{\partial}{\partial x} + \mathrm{i}\sqrt{K}\right)\left(\frac{\partial}{\partial x} - \mathrm{i}\sqrt{K}\right)Q = 0 \qquad (7\text{-}8)$$

再通过忽略反向波能量来得到三维弹性抛物方程：

$$\frac{\partial}{\partial x}Q = \mathrm{i}\sqrt{K}Q \qquad (7\text{-}9)$$

式中，Q 为声场物理量；K 是由 y 和 z 算子组成的 3×3 矩阵。不过，式（7-5）～式（7-7）是无法直接写成式（7-8）的形式的，因为式（7-5）～式（7-7）中存在 u、v 和 w 关于 x 的一次偏导项，比如 $\partial^2 u/\partial x\partial y$ 和 $\partial^2 u/\partial x\partial z$。要将式（7-5）～式（7-7）改写成式（7-8）的形式，需消去声场物理量关于 x 的一次偏导项，我们可借鉴二维声传播问题中的弹性抛物方程推导方法，即对式（7-5）～式（7-7）进行求导、互相加减等一系列初等变换并将声场物理量 (u, v, w) 换成其他适当的声场物理量。下面我们将给出选取两组不同声场物理量时弹性抛物方程的详细推导过程。

7.1.1　$\left(\varDelta, v, w\right)$ 格式的弹性抛物方程

　　水声领域二维弹性抛物方程方法中较早使用的声场物理量是 $(\varDelta, w)$，$\varDelta$ 的定义见式（7-3）。受此启发，本章以 $(\varDelta, v, w)$ 为声场物理量来推导弹性抛物方程。

　　对式（7-5）～式（7-7）分别求 x、y 和 z 的偏导，并将求导后的三式相加，可得到关于 $(\varDelta, v, w)$ 的方程：

$$0 = (\lambda + 2\mu)\frac{\partial^2}{\partial x^2}\Delta + \rho\omega^2\Delta + (\lambda + 2\mu)\frac{\partial^2}{\partial y^2}\Delta + (\lambda + 2\mu)\frac{\partial^2}{\partial z^2}\Delta + 2\frac{\partial(\lambda + \mu)}{\partial z}\frac{\partial}{\partial z}\Delta$$

$$+ \frac{\partial^2\lambda}{\partial z^2}\Delta + 2\frac{\partial\mu}{\partial z}\frac{\partial^2 w}{\partial x^2} + 2\frac{\partial\mu}{\partial z}\frac{\partial^2 w}{\partial y^2} + 2\frac{\partial\mu}{\partial z}\frac{\partial^2 w}{\partial z^2} + 2\frac{\partial^2\mu}{\partial z^2}\frac{\partial w}{\partial z} + \omega^2\frac{\partial\rho}{\partial z}w \tag{7-10}$$

将式（7-3）代入式（7-6）和式（7-7），可再得到两个关于 (Δ, v, w) 的方程：

$$0 = \mu\frac{\partial^2 v}{\partial x^2} + \frac{\partial\mu}{\partial z}\frac{\partial v}{\partial z} + \mu\frac{\partial^2 v}{\partial y^2} + \rho\omega^2 v + \mu\frac{\partial^2 v}{\partial z^2} + \frac{\partial}{\partial z}(\lambda\Delta) + \mu\frac{\partial\Delta}{\partial y} \tag{7-11}$$

$$0 = \mu\frac{\partial^2 w}{\partial x^2} + 2\frac{\partial\mu}{\partial z}\frac{\partial w}{\partial z} + \mu\frac{\partial^2 w}{\partial z^2} + \rho\omega^2 v + \mu\frac{\partial^2 w}{\partial y^2} + \frac{\partial}{\partial z}(\lambda\Delta) + \mu\frac{\partial\Delta}{\partial z} \tag{7-12}$$

显然，以上三式可重写成式（7-8）的形式，忽略反向场能量后即可得到形式如式（7-9）的抛物方程。观察以上三式可知，式（7-10）和式（7-12）都是仅关于 Δ、w 二者方程，而式（7-11）是关于 Δ、v 和 w 三者的方程。由此可知，无须使用式（7-11），仅使用式（7-10）和式（7-12）即可求出 Δ 和 w。因此，下面我们仅采用式（7-10）和式（7-12）来构建抛物方程。

整理式（7-10）和式（7-12），并将其写成矩阵形式，可得

$$\frac{\partial^2}{\partial x^2}q + L^{-1}\left(L\frac{\partial^2}{\partial y^2} + M\right)q = 0 \tag{7-13}$$

式中，$q = (\Delta, w)^{\mathrm{T}}$；$L$ 和 M 是由关于 z 算子组成的 2×2 矩阵，具体表达式如下：

$$L = \begin{pmatrix} \lambda + 2\mu & 2\dfrac{\partial\mu}{\partial z} \\ 0 & \mu \end{pmatrix}$$

$$M = \begin{pmatrix} (\lambda + 2\mu)\dfrac{\partial^2}{\partial z^2} + 2\dfrac{\partial(\lambda + \mu)}{\partial z}\dfrac{\partial}{\partial z} + \dfrac{\partial^2\lambda}{\partial z^2} + \rho\omega^2 & 2\dfrac{\partial}{\partial z}\left(\dfrac{\partial\mu}{\partial z}\dfrac{\partial}{\partial z}\right) + \omega^2\dfrac{\partial\rho}{\partial z} \\ \dfrac{\partial\lambda}{\partial z} + (\lambda + \mu)\dfrac{\partial}{\partial z} & 2\dfrac{\partial\mu}{\partial z}\dfrac{\partial}{\partial z} + \mu\dfrac{\partial^2}{\partial z^2} + \rho\omega^2 \end{pmatrix}$$

将式（7-13）写成如式（7-8）所示的因式分解形式，并忽略沿-x 方向传播的能量，最终可得到抛物方程：

$$\frac{\partial}{\partial x}q = \mathrm{i}k_0\sqrt{k_0^{-2}\left(\frac{\partial^2}{\partial y^2} + L^{-1}M\right)}q \tag{7-14}$$

7.1.2 (Λ, v, w) 格式的弹性抛物方程

本小节给出 (Λ, v, w) 格式的弹性抛物方程的推导过程。其中 $\Lambda = u_x + v_y$，u_x 表示 u 对 x 的偏导，v_y 表示 v 对 y 的偏导。

对式（7-5）和式（7-6）分别求 x 和 y 的偏导，并将求导后的两式相加，可得到关于 (Λ, v, w) 的方程：

$$0 = (\lambda + 2\mu)\frac{\partial^2 \Lambda}{\partial x^2} + (\lambda + \mu)\frac{\partial^3 w}{\partial^2 x \partial z} + \frac{\partial \mu}{\partial z}\frac{\partial^2 w}{\partial^2 x} + (\lambda + 2\mu)\frac{\partial^2 \Lambda}{\partial y^2}$$

$$+ (\lambda + \mu)\frac{\partial^3 w}{\partial^2 y \partial z} + \frac{\partial \mu}{\partial z}\frac{\partial^2 w}{\partial y^2} + \frac{\partial}{\partial z}\left(\mu\frac{\partial \Lambda}{\partial z}\right) + \rho\omega^2 \Lambda \qquad (7\text{-}15)$$

将 $\Lambda = u_x + v_y$ 代入式（7-6）和式（7-7），可再得到关于 (Λ, v, w) 的两个方程：

$$0 = \mu\frac{\partial^2 v}{\partial x^2} + \mu\frac{\partial^2 v}{\partial y^2} + \mu\frac{\partial^2 v}{\partial z^2} + (\lambda + \mu)\frac{\partial \Lambda}{\partial y} + \frac{\partial \mu}{\partial z}\frac{\partial v}{\partial z} + \frac{\partial \mu}{\partial z}\frac{\partial w}{\partial y} + \rho\omega^2 w \qquad (7\text{-}16)$$

$$0 = \mu\frac{\partial^2 w}{\partial x^2} + \mu\frac{\partial^2 w}{\partial y^2} + \frac{\partial \lambda}{\partial z}\Lambda + (\lambda + \mu)\frac{\partial \Lambda}{\partial z} + \frac{\partial}{\partial z}\left[(\lambda + 2\mu)\frac{\partial w}{\partial z}\right] + \rho\omega^2 w \qquad (7\text{-}17)$$

显然，以上三式不含声场物理量对 x 的一次偏导项，可方便地写成式（7-8）的形式。与 (Δ, v, w) 格式情况类似，以上三个关于 (Λ, v, w) 的方程中，式（7-15）和式（7-17）仅包含 Λ 和 w，所以无须使用式（7-16），只需使用式（7-15）和式（7-17）即可求出 Λ 和 w。

整理式（7-15）和式（7-17）可得到与式（7-13）形式相同的矩阵方程，只不过声场物理量 q 变为 $(\Lambda, w)^{\mathrm{T}}$，且 L 和 M 表达式有所变化，具体如下：

$$L = \begin{pmatrix} \lambda + 2\mu & (\lambda + \mu)\dfrac{\partial}{\partial z} + \dfrac{\partial \mu}{\partial z} \\ 0 & \mu \end{pmatrix}$$

$$M = \begin{pmatrix} \dfrac{\partial}{\partial z}\left(\mu\dfrac{\partial}{\partial z}\right) + \rho\omega^2 & 0 \\ \dfrac{\partial \lambda}{\partial z} + (\lambda + \mu)\dfrac{\partial}{\partial z} & \dfrac{\partial}{\partial z}(\lambda + 2\mu)\dfrac{\partial}{\partial z} + \rho\omega^2 \end{pmatrix}$$

注意后文采用 (Λ, w) 格式抛物方程进行声场计算时，在流体层中仍使用 (Δ, w) 格式，因为这样便于计算声压（流体层中声压 p 与膨胀量 Δ 成正比，即 $p = -\lambda\Delta$）。

7.2　弹性抛物方程模型中边界条件的处理

7.2.1　边界条件概述

海洋声场计算中需要处理的边界主要是海面边界和海底边界。特别地，在抛物方程方法中，还需考虑海底中一定深度处的计算域截断边界。海面边界、海底边界、截断边界如图 7-3 所示，注意图为侧视图，省略了 y 坐标，下文的图 7-4 同理。

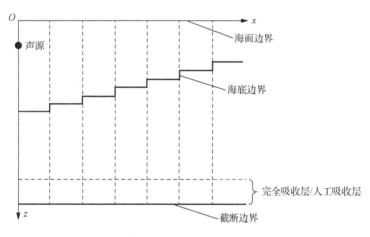

图 7-3　各处边界示意图

海面边界的处理较为简单，只需满足声压释放条件：$p|_{z=0} = 0$。计算域截断边界用于模拟无穷远边界，在截断边界上我们将一切物理量的值设置为 0，以模拟无穷远辐射条件。截断边界的处理一般需配以人工吸收层或完全匹配层，它们使得声能在到达截断边界时已几乎衰减为 0。人工吸收层吸收声能是通过在层中设置较大的声吸收系数；完全匹配层吸收声能的原理是在复数域上对波导进行了拓展。海底边界处理相对复杂，具体处理过程将在下一小节（7.2.2 节）中给出。

7.2.2　倾斜海底边界条件处理

从图 7-2 或图 7-3 中可以看出，对海底作阶梯近似后倾斜海底边界分成了水平海底边界与垂直海底边界两部分。我们采用坐标映射方法处理海底边界。坐标映射方法适用于海底倾角较小的情况，其计算误差会随倾角增大而增大。在大陆架海区，海底倾角一般很小，故坐标映射方法是适用的，这从后文的数值算例中也可以看出。坐标映射方法处理海底边界主要分为三步：①将波导映射成海底水平而海面非水平的波导，如图 7-4 所示；②利用抛物方程方法求解映射后波导中（海底已是水平）的声场；③声场计算结束后将波导恢复原样。

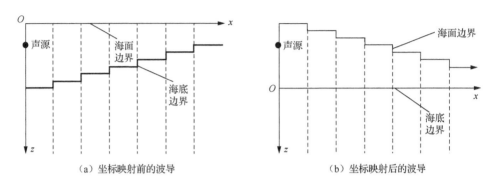

（a）坐标映射前的波导　　　　　　　（b）坐标映射后的波导

图 7-4　波导坐标映射示意图

计算坐标映射后波导中声场时只需处理水平海底边界条件，即垂直位移连续、法向应力连续和切向应力为零，可表示为

$$w_w = w_b \tag{7-18}$$

$$\sigma_{zz_w} = \sigma_{zz_b} \tag{7-19}$$

$$\sigma_{xz_b} = \sigma_{yz_b} = 0 \tag{7-20}$$

式中，下角标 w 和 b 分别表示海水层和海底层。为了使边界条件表达式适应于以 $(\varDelta, w)$ 为因变量的抛物方程，需对以上边界条件表达进行适当变换。

在式（7-12）中令 $\mu=0$，并将所得表达式代入式（7-18），可得

$$\frac{\partial(\lambda_w \varDelta_w)}{\partial z} + \rho_w \omega^2 w_b = 0 \tag{7-21}$$

将式（7-2）代入式（7-19），可得

$$\lambda_w \varDelta_w = \lambda_b \varDelta_b + 2\mu_b \frac{\partial w_b}{\partial z} \tag{7-22}$$

将式（7-2）与式（7-20）代入式（7-1a），可得

$$\rho_b \omega^2 w_b + \frac{\partial}{\partial z}\left(\lambda_b \varDelta_b + 2\mu_b \frac{\partial w_b}{\partial z}\right) = 0 \tag{7-23}$$

式（7-21）～式（7-23）构成 $(\varDelta, w)$ 格式抛物方程的边界条件。

当水中采用 (Δ, w) 格式而海底采用 (Λ, w) 格式时，边界条件式（7-18）～式（7-20）转化成以下三式：

$$\frac{\partial(\lambda_{\mathrm{w}}\Delta_{\mathrm{w}})}{\partial z} + \rho_{\mathrm{w}}\omega^2 w_{\mathrm{b}} = 0 \tag{7-24}$$

$$\lambda_{\mathrm{w}}\Delta_{\mathrm{w}} = \lambda_{\mathrm{b}}\Lambda_{\mathrm{b}} + \left(\lambda_{\mathrm{b}} + 2\mu_{\mathrm{b}}\right)\frac{\partial w_{\mathrm{b}}}{\partial z} \tag{7-25}$$

$$\rho_{\mathrm{b}}\omega^2 w_{\mathrm{b}} + \frac{\partial}{\partial z}\left[\lambda_{\mathrm{b}}\Lambda_{\mathrm{b}} + \left(\lambda_{\mathrm{b}} + 2\mu_{\mathrm{b}}\right)\frac{\partial w_{\mathrm{b}}}{\partial z}\right] = 0 \tag{7-26}$$

在边界条件式（7-21）～式（7-23）下求解 (Δ, w) 格式抛物方程，或在式（7-24）～式（7-26）边界条件下求解 (Λ, w) 格式抛物方程，即可求出声场，具体实现过程在下一节（7.3 节）中介绍。

7.3　基于傅里叶变换的弹性抛物方程数值求解方法

既然介质参数与海底地形都与 y 无关，则可对弹性抛物方程及边界条件表达式做 y 方向的傅里叶变换，以将三维声场的求解问题转化为一系列二维声场的求解问题。

对抛物方程（7-14）进行傅里叶变换后可得到含参变量 k_y 的二维抛物方程：

$$\frac{\partial}{\partial x}\overline{q} = \mathrm{i}k_0\sqrt{I + X}\,\overline{q} \tag{7-27}$$

式中，k_0 为参考波数；I 为单位矩阵；X 为深度算子，

$$X = k_0^{-2}\left(L^{-1}M - k_y^2 I - k_0^2 I\right) \tag{7-28}$$

其中，k_y 为 y 方向波数。$\overline{q}$ 与 q 互为傅里叶变换：

$$\overline{q}\left(\omega, x, k_y, z\right) = \int_{-\infty}^{+\infty} q\left(\omega, x, y, z\right)\mathrm{e}^{-\mathrm{i}k_y y}\mathrm{d}y \tag{7-29}$$

$$q\left(\omega, x, k_y, z\right) = \frac{1}{2\pi}\int_{-\infty}^{+\infty} \overline{q}\left(\omega, x, y, z\right)\mathrm{e}^{\mathrm{i}k_y y}\mathrm{d}y \tag{7-30}$$

对边界条件表达式（7-21）～式（7-23）或式（7-24）～式（7-26）进行傅里叶变换，可得到

$$\frac{\partial(\lambda_{\mathrm{w}}\overline{\Delta}_{\mathrm{w}})}{\partial z} + \rho_{\mathrm{w}}^2\omega^2\overline{w}_{\mathrm{b}} = 0$$

$$\lambda_{\mathrm{w}}\overline{\Delta}_{\mathrm{w}} = \lambda_{\mathrm{b}}\overline{\Delta}_{\mathrm{b}} + 2\mu_{\mathrm{b}}\frac{\partial \overline{w}_{\mathrm{b}}}{\partial z}$$

$$\rho_{\mathrm{b}}\omega^2\overline{w}_{\mathrm{b}} + \frac{\partial}{\partial z}\left(\lambda_{\mathrm{b}}\overline{A}_{\mathrm{b}} + 2\mu_{\mathrm{b}}\frac{\partial\overline{w}_{\mathrm{b}}}{\partial z}\right) = 0$$

或者

$$\frac{\partial(\lambda_{\mathrm{w}}\overline{A}_{\mathrm{w}})}{\partial z} + \rho_{\mathrm{w}}{}^2\omega^2\overline{w}_{\mathrm{b}} = 0$$

$$\lambda_{\mathrm{w}}\overline{A}_{\mathrm{w}} = \lambda_{\mathrm{b}}\overline{A}_{\mathrm{b}} + (\lambda_{\mathrm{b}} + 2\mu_{\mathrm{b}})\frac{\partial\overline{w}_{\mathrm{b}}}{\partial z}$$

$$\rho_{\mathrm{b}}\omega^2\overline{w}_{\mathrm{b}} + \frac{\partial}{\partial z}\left(\lambda_{\mathrm{b}}\overline{A}_{\mathrm{b}} + (\lambda + 2\mu_{\mathrm{b}})\frac{\partial\overline{w}_{\mathrm{b}}}{\partial z}\right) = 0$$

以上六式中，上方带横线的物理量代表相应物理量的傅里叶变换。

式（7-27）的解可写成沿 x 方向递推的形式：

$$\overline{q}\big|_{x+\Delta x} = \mathrm{e}^{\mathrm{i}k_0\Delta x\sqrt{I+X}}\overline{q}\big|_{x} \tag{7-31}$$

式中，Δx 表示每一次递推的步长。式（7-31）的含义是已知 x 处（整个深度）的声场，可推出 $x+\mathrm{d}x$ 处的声场。式（7-31）中含根式算子，不利于数值求解，因此引入以下 Padé 近似：

$$\mathrm{e}^{-I+\mathrm{i}k_0\Delta x\sqrt{1+X}} \approx \prod_{j=1}^{n}\frac{I+\alpha_{j,n}X}{I+\beta_{j,n}X} \tag{7-32}$$

式中，n 为 Padé 近似的阶数。另外，$\alpha_{j,n}$ 和 $\beta_{j,n}$ 为 Padé 系数。对式（7-32）两端作 $X=0$ 邻域内的泰勒展开，并令等式两端关于 $X\sim X^{2n}$ 的系数相等，可得到含 $2n$ 个方程的方程组，进而可解出 $\alpha_{j,n}$ 和 $\beta_{j,n}$ 的值。注意在弹性抛物方程模型中通常用 $1\sim 2$ 个约束条件来替换方程组中的 $1\sim 2$ 个方程，以保证声场计算结果的收敛性，其代价是使 Padé 近似对原函数的逼近程度稍有降低。在本章所有仿真中，Padé 近似均采用 1 个约束条件。关于约束条件的详细阐述，可参阅 Collins[2]的文章。采用式（7-32）的 Padé 近似后，式（7-31）可重写成

$$\overline{q}\big|_{x+\Delta x} \approx \mathrm{e}^{\mathrm{i}k_0\Delta x}\prod_{j=1}^{n}\frac{I+\alpha_{j,n}X}{I+\beta_{j,n}X}\overline{q}\big|_{x} \tag{7-33}$$

利用式（7-33）可将声场解 $\overline{q}$ 从 x 处递推至 $x+\Delta x$ 处。具体求解过程是对式（7-33）进行 Galerkin 离散，并利用高斯消元法求解离散所得的方程组，最终得到 $\overline{q}\big|_{x+\Delta x}$。

在上述从 x 到 $x+\Delta x$ 的递推过程中，需对水平流体-弹性体边界进行处理，即利用上述傅里叶变换形式的边界条件来消除在流体-弹性体边界处对式（7-33）进行 Galerkin 离散时产生的虚拟物理量。

事实上，以上提及的 Galerkin 离散、高斯消元、流体-弹性体边界处理等过程都与柱对称情况下二维弹性抛物方程模型中的相应处理过程几乎完全相同，具体

细节可参阅 Collins 等[3,4]的文章。

求出一系列不同 k_y 对应的 $\bar{q}$ 后,利用式(7-30)所示的傅里叶逆变换即可合成三维声场 q。

7.4 数值计算结果的检验与分析

7.4.1 水平波导中声场计算结果的检验

考虑图 7-5 所示的水平海洋波导。声源频率为 25Hz,声源深度为 100m。接收深度为 30m。海水层的深度为 200m,声速和密度分别为 $c_w = 1500$m/s 和 $\rho = 1.0$g/cm^3,声吸收系数为 0。海底为半无限弹性海底,横波声速、纵波声速和密度分别为 $c_p = 3400$m/s、$c_s = 1700$m/s 和 $\rho_b = 1.5$g/cm^3。另外,海底的纵波声吸收系数和横波声吸收系数为 $\alpha_p = \alpha_s = 0.5$dB/$\lambda$。数值计算过程中采用的网格大小为 $\Delta x = 20$m 和 $\Delta z = 2$m。

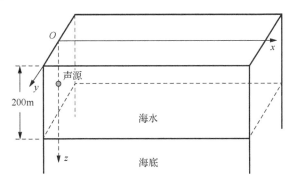

图 7-5　水平波导示意图

图 7-6 展示了本章弹性抛物方程模型预报的海水深度 30m 处 xOy 平面上的传播损失分布。图中左半边的声场采用(Λ, w)格式进行计算,右半边的声场采用(Δ, w)格式进行计算。可以看到,两种格式下的声场计算结果高度一致。值得注意的是,在$\pm y$ 轴附近的一个小区域内,声场的干涉结构出现畸变(理论上应是环形干涉结构)。我们在图 7-6 中取出沿着水平方位角 0°、45°、76°和 82.9°的截线(见图中黑色实线),在图 7-7 中展示这些截线上的传播损失曲线并将其与参考解进行对比。参考解通过有限元法软件 COMSOL 的柱对称二维模块计算得到。图 7-7 的结果显示,在水平方位角为 0°、45°、76°的方向,抛物方程计算结果与有限元计算结果高度一致,不过在水平方位角为 82.9°的方向,抛物方程计算结果明显偏移于有限元计算结果。这说明,在本算例中,抛物方程模型可确保水平方位角 0°~76°范围内的声场计算结果的精度,但无法确保水平方位角更大的区域内声场的精度。

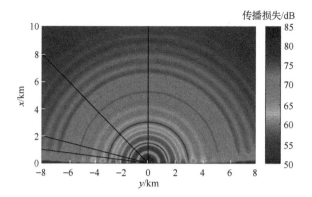

图 7-6 *xOy* 平面传播损失分布伪彩图（彩图扫封底二维码）

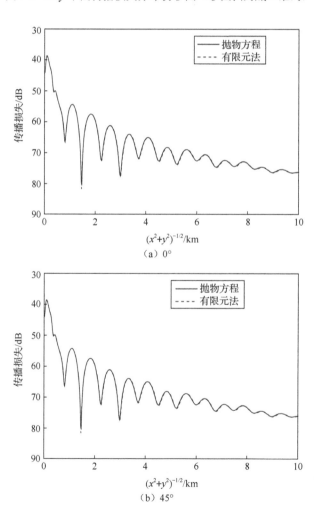

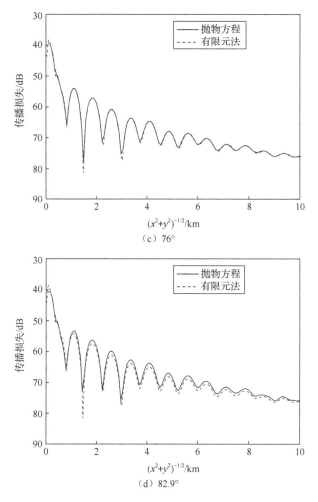

图 7-7　沿水平方位角 0°、45°、76°和 82.9°方向（即沿图 7-6 中截线）的声压传播损失
（彩图扫封底二维码）

图 7-6 和图 7-7 中，抛物方程模型计算时采用的 Padé 近似阶数为 8 阶。图 7-8
给出了采用 2 阶和 4 阶 Padé 近似时的 xOy 平面传播损失计算结果。采用 4 阶 Padé
近似时，抛物方程模型可精确计算的水平方位角范围明显比采用 8 阶 Padé 近似时
要小；采用 2 阶 Padé 近似时，抛物方程模型可精确计算的水平方位角范围又进一
步减小。由此可知，采用本章抛物方程模型进行声场计算时，Padé 近似的阶数越
高，可精确计算的水平方位角范围越大。关于 Padé 近似阶数与声场的角度限制之
间关系的详细讨论，我们在下一小节（7.4.2 节）中介绍。

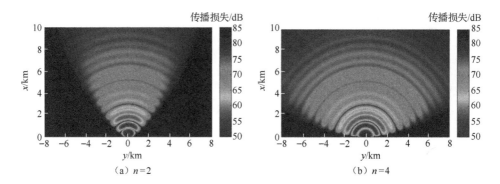

图 7-8　Padé 近似阶数 n 为 2 和 4 时 xOy 平面传播损失分布伪彩图（彩图扫封底二维码）

7.4.2　数值计算结果在水平面内的角度限制

要清楚地知道本章抛物方程模型计算结果中哪些区域的声场是准确可靠的，必须知道模型在 xOy 平面内限制角（limitation angle）的确切数值。所谓限制角，即模型能够确保计算结果准确可靠的最大角度。根据 7.4.1 小节的讨论，本章模型的声场预报结果在 xOy 平面内的角度限制是由 Padé 近似引起的。在柱对称二维抛物模型研究中，研究者关注的是计算结果在 rOz 平面内的角度限制，Lee 等[5]通过分析抛物模型递推平面波声场过程中的相位误差来得到抛物方程模型在 rOz 平面内的限制角。借鉴该做法，下面我们尝试对本章模型在 xOy 平面内的限制角进行计算。

假设流体层中有一平面波，其声场表达式为 $q_0 = A\exp[i(k_{x0}x + k_{y0}y + k_{z0}z)]$。其中 (k_{x0}, k_{y0}, k_{z0}) 为波矢量，满足 $k_{x0}^2 + k_{y0}^2 + k_{z0}^2 = k^2$；$A$ 是含两个元素的列向量，分别表示声场物理量 $\varDelta$ 和 w 的振幅。显然，q_0 的傅里叶变换 $\bar{q}_0$ 在 x 方向的递推步进解可写成以下形式：

$$\bar{q}_0\big|_{x+\Delta x} = \mathrm{e}^{\mathrm{i}k_{x0}\Delta x}\,\bar{q}_0\big|_x \tag{7-34}$$

另外，根据式（7-31），可知 $\bar{q}_0$ 在 x 方向递推步进解还可写成以下形式：

$$\bar{q}_0\big|_{x+\Delta x} = \mathrm{e}^{\mathrm{i}k_0\Delta x\sqrt{I+X}}\,\bar{q}_0\big|_x \tag{7-35}$$

对比以上两式可知，深度算子 X 与平面波 x 方向波数 k_{x0} 之间存在以下联系：

$$X\bar{q}_0 = \left(k_{x0}^2\big/k_0^2 - 1\right)\bar{q}_0 \tag{7-36}$$

实际进行声场递推时，我们对 X 做如式（7-31）所示的 Padé 近似，这就相当于对 k_{x0} 做如下近似：

$$\mathrm{e}^{ik_{x0}\Delta x} \approx \mathrm{e}^{ik_0\Delta x} \prod_{j=1}^{n} \frac{1+\alpha_{j,n}\left(k_{x0}^{\,2}/k_0^{\,2}-1\right)}{1+\beta_{j,n}\left(k_{x0}^{\,2}/k_0^{\,2}-1\right)} = \mathrm{e}^{i\hat{k}_{x0}\Delta x} \tag{7-37}$$

式中，$\hat{k}_{x0}$ 用来表示近似后的 k_{x0}。显然，进行 Padé 近似后，每对平面波声场递推一个 Δx，都会产生 $\mathrm{Re}\left[(\hat{k}_{x0}-k_{x0})\Delta x\right]$ 的相位误差，当且仅当 $k_0=k_{x0}$ 时相位误差为 0。

k_{x0} 与平面波的传播方向存在如下关系：$\cos\varphi\cos\theta = k_{x0}/k$。其中 φ 和 θ 分别为水平方位角和俯仰角。平面波传播方向示意图如图 7-9 所示。

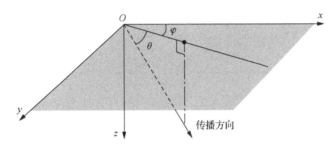

图 7-9 平面波传播方向示意图

另外，当知道声源辐射的声波传播到较远距离后，水平方向的声能流要远大于垂直方向的声能流，故我们可以合理地认为 $(k_{x0}^{\,2}+k_{y0}^{\,2})^{-1/2} \gg k_{z0}$，从而有 $\theta \approx 0$，$k_{x0}^{\,2}+k_{y0}^{\,2} \approx k^2$，$\cos\varphi \approx k_{x0}/k$。因此，已知平面波的水平方位角 φ，即可知其对应的 $k_{x0} = k\cos\varphi$，再利用式（7-37）即可计算出 $\hat{k}_{x0}$，最终可得到利用递推该平面波时出现的相位误差。比起绝对相位误差，其实我们更关注相对相位误差，定义如下：

$$\varepsilon = \left| \frac{\mathrm{Re}\left(\hat{k}_{x0}-k_{x0}\right)}{k} \right| \tag{7-38}$$

图 7-10 给出了 Padé 近似阶数分别取 $n=4,6,8$ 时相对相位误差 ε 随平面波水平方位角 φ 变化的曲线。显然，随着水平方位角 φ 的增大，相对相位误差 ε 逐渐增大；另外，$n=4$ 时相对相位误差 ε 比 $n=6$ 时更大，而 $n=6$ 时相对相位误差又比 $n=8$ 时更大。这就是为什么我们在图 7-8 中能观察到干涉结构的开角随着 n 的增加而增大。若我们对相对相位误差 ε 设定一个容忍值 $\varepsilon_{\max}$，并认为当 $\varepsilon \leqslant \varepsilon_{\max}$ 时相对相位误差 ε 是可接受的，即认为 $\varepsilon \leqslant \varepsilon_{\max}$ 时抛物方程模型可以准确地对平面波声场进行递推，那么我们就可得出抛物方程模型的限制角。参考 Jensen 等[6]的研究，我们取 $\varepsilon_{\max}=0.0002$。只需在图 7-10 中作出直线 $\varepsilon=\varepsilon_{\max}$，取出其与图中各条曲线的交点，各交点横坐标对应的 φ 值即为 $n=4,6,8$ 时本章三维弹性抛物方程方法在 xOy

平面内的限制角。我们已把所得的 n=4, 6, 8 时的限制角统计到表 7-1 中的第二行。

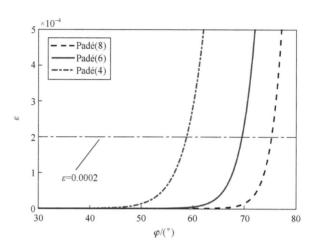

图 7-10　Padé 近似阶数 n=4, 6, 8 时相对相位误差随水平方位角变化的曲线

表 7-1　不同 n 和 $\Delta x/d$ 值时，Padé 近似的限制角　　　　单位：(°)

$\Delta x/d$	Padé 近似的限制角			
	$n = 4$	$n = 6$	$n = 8$	$n = 10$
1/6	59.5	70.7	76.2	—
1/3	58.7	69.2	75.2	78.5
1	50.9	63.7	71.3	75.8

由式（7-32）和式（7-37）可知，相对相位误差 ε 还与乘积 $k_0\Delta x$ 有关。简单起见，我们假设水中声速均匀，且取 $k_0=k$，则 $k_0\Delta x$ 正比于步长与波长的比值 $\Delta x/d$。在图 7-10 的仿真中，$\Delta x/d$ 的取值为 1/3。表 7-1 还给出 $\Delta x/d$ 为 1/6 和 1 时的限制角大小。显然，Δx 越小，限制角越大，即 Padé 近似精度越高；但通过减小 Δx 来增大限制角，效果非常有限，且会降低声场计算速度。因此，在利用抛物方程模型进行计算时，Δx 一般取 $d/6\sim d/2$。另外，需要承认的是，我们之所以没有给出 $n>10$ 时的 Padé 近似限制角，是因为 n 越大 Padé 系数越难求解，现有的计算 Padé 系数的数值算法无法收敛。

7.4.3　地形变化海域中声场计算及水平折射效应分析

考虑如图 7-11 的楔形海洋波导，该波导又称为 ASA 楔形波导或标准楔形波导，常用于海洋声场计算软件的检验。具体环境参数如下：海水深度在 x=0 处为

200m，沿 x 方向线性递减，直到 $x = 4$km 处递减到 0；声源频率为 25Hz，位于坐标(0, 0, 100)；接收深度为 30m；水中声速和密度分别为 1500m/s 和 1g/cm³；弹性海底纵波声速为 1700m/s，横波声速考虑 300m/s 和 800m/s 两种情况，横波声吸收系数和纵波声吸收系数都为 0.5dB/λ，密度为 1.5g/cm³。采用 (Δ, w) 格式的弹性抛物方程模型进行仿真，并设置 $\Delta x = 20$m，$\Delta z = 1$m，$n = 10$。倾斜海底边界采用坐标映射方法进行处理。

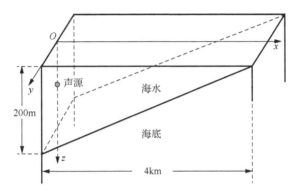

图 7-11　ASA 标准楔形波导地形图

首先我们检验本章模型对 $\varphi=0°$ 垂直面内声场的计算结果。在 $\varphi=0°$ 的垂直面内声场不发生水平折射，故该垂直面内的声场可直接采用柱对称二维方法进行计算，所以我们将二维柱对称有限元法的计算结果（通过 COMSOL 软件计算）作为参考解。图 7-12 给出了本章模型预报的 $\varphi=0°$ 方向的传播损失曲线，及其与参考解的对比。注意：为了避免曲线的重叠，我们已将横波声速为 800m/s 情况下的传播损失曲线向下平移了 30dB。结果显示，本章模型计算结果与参考解吻合得较好。

其次我们检验本章模型对三维空间声场的计算结果。由于采用有限元法进行三维声场计算需消耗庞大的内存和较长的时间，因此下面我们用虚源方法来提供楔形海区三维声场参考解。图 7-13 给出了抛物方程模型和虚源方法对楔角的角平分面上传播损失的预报结果。结果显示，在限制角范围内，抛物方程计算结果与虚源方法结果一致性较好。图中影区的边缘为双曲线形，说明声波水平折射对声场带来以下影响：与 $\varphi = 0°$ 方向相比，在 $\varphi > 0°$ 方向，模态截止位置与楔角之间的水平距离更远，换言之，模态在更深的海域就发生了截止；并且这种效应随 φ 的增大而增强。

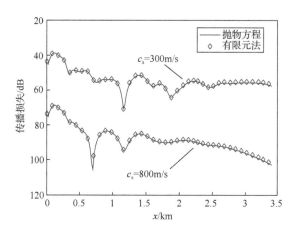

图 7-12　$\varphi=0°$方向传播损失曲线

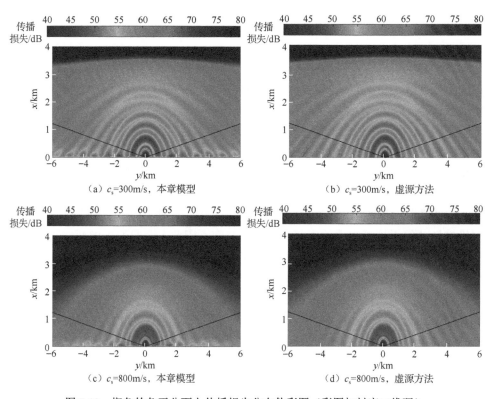

（a）$c_s=300\text{m/s}$，本章模型　　　　　　　（b）$c_s=300\text{m/s}$，虚源方法

（c）$c_s=800\text{m/s}$，本章模型　　　　　　　（d）$c_s=800\text{m/s}$，虚源方法

图 7-13　楔角的角平分面上传播损失分布伪彩图（彩图扫封底二维码）

最后我们通过对比本章模型计算结果（简称三维计算结果）与柱对称二维弹性抛物方程模型计算结果（简称二维计算结果），来观察楔形海区声传播过程中的三维效应。图 7-14 展示了 $\varphi = 45°$ 和 $63.4°$ 方向传播损失曲线的三维计算结果和二维计算结果。结果显示，在 $\varphi = 45°$ 方向，三维计算结果与二维计算结果的差异并不明显，即三维效应微弱；在 $\varphi = 63.4°$ 方向，三维计算结果与二维计算结果的差异十分明显，即三维效应强烈。可以看出，在图 7-14 中三维计算结果都要比二维计算结果衰减得更快，这与图 7-13 中的三维声场双曲型干涉结构是一致的。

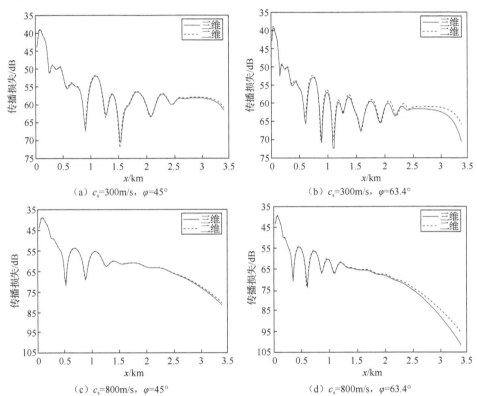

（a）c_s=300m/s，φ=45°　　　　　（b）c_s=300m/s，φ=63.4°

（c）c_s=800m/s，φ=45°　　　　　（d）c_s=800m/s，φ=63.4°

图 7-14　$\varphi = 45°$ 和 $63.4°$ 方向传播损失曲线的三维计算结果与二维计算结果对比
（彩图扫封底二维码）

下面我们研究如图 7-15（a）所示波导中的水平折射现象。海底为折线形，x=0～4km 范围内为上坡区域，海域斜率同 ASA 标准楔形波导，海水深度从 300m 减少到 100m；x>4km 范围内为水平区域，海水深度为 100m。弹性海底纵波声速与横波声速分别为 3800m/s 和 1800m/s。其余所有环境参数和三维模型参数与前文 ASA 标准楔形波导算例保持一致。显然，不同于 ASA 标准楔形波导，图 7-15（a）的折线形波导可在 x 方向无限延伸，有利于我们对更远距离处的三维效应进行分析。图 7-15（b）～（d）展示了本章模型预报的 $\varphi = 0°$, $45°$, $63.4°$方向的传播损失曲线及其与二维计算结果的对比。在 $\varphi=0°$方向，三维计算结果与二维计算结果高度一致，因为在 $\varphi=0°$垂直面内不存在水平折射。与 ASA 标准楔形波导算例类似，$\varphi = 63.4°$方向的三维效应要比 $\varphi = 45°$方向的三维效应强烈得多。这说明在 φ 从 0°到 90°逐渐增大的过程中，水平折射对声场的影响逐渐增大。图 7-15 还显示，三维效应不仅表现在传播损失曲线的幅值差异上，还表现在传播损失曲线的相位差异上。值得注意的是，在 $x>4km$ 区域，尽管海底保持水平，三维计算结果的传播损失曲线与二维计算结果的传播损失曲线之间的相位差仍在不断加大。这一现象可由射线声学的知识解释，如图 7-16 所示。图中虚线为某一传播损失曲线的路径，声线 1 在 $x<4km$ 处就对该路径上的声场产生影响，而声线 2 和声线 3 需要在 $x>4km$ 处才会对该路径上的声场产生影响。这说明在 $x>4km$ 区域虽然海底水平，但不同水平方位角垂面内的声能仍会发生水平耦合，从而解释了 4km 后三维计算结果与二维计算结果的差异仍继续增大的现象。

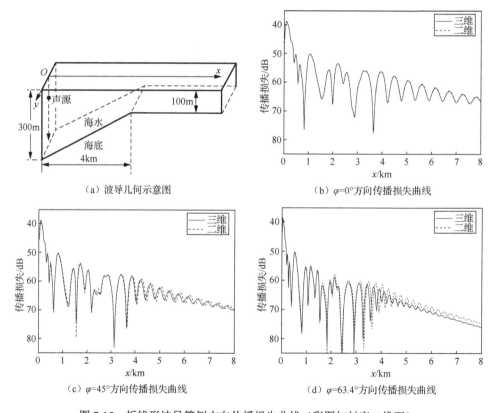

（a）波导几何示意图　　　　　　（b）$\varphi=0°$方向传播损失曲线

（c）$\varphi=45°$方向传播损失曲线　　　　（d）$\varphi=63.4°$方向传播损失曲线

图 7-15　折线形波导算例方向传播损失曲线（彩图扫封底二维码）

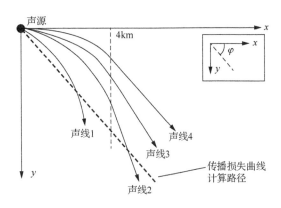

图 7-16　声线轨迹俯视图

7.5　弹性海底海域中声传播的水池模拟实验

理论研究指出，保持波导声学参数不变（声速、密度、声吸收系数等），并将波导几何参数缩小 $1/N$、声源频率增大 N 倍后，波导中声场与原声场相比只是等比例增大 N 倍，声场的起伏、分布等特性均保持不变。因此，可通过高频声波在水池中的传播来模拟低频或甚低频声波在海洋中的传播。另外，实验中利用水池侧壁的消声材料来模拟水平方向几乎无限广阔的海洋环境，利用弹性材料模拟弹性海底。通过采集水中声信号，来计算三维空间中声传播损失情况；通过与理论预报结果的对比分析，来检验理论模型。

7.5.1　水池模拟实验概况

我们在实验室水池开展了三维声场测量实验。实验场景如图 7-17 所示。我们将捆绑水听器的长杆固定在一个滑台上，以控制水听器的位置。滑台可在 x 和 y 方向上移动，其中 x 坐标通过电机及相关程序控制，最小刻度为 $20\mu m$；y 坐标通过高精度螺杆控制，最小刻度为 1mm。实验中我们保持发射换能器位置不变，利用滑台改变水听器位置来逐点测量图 7-18 所示区域内（即水听器所在的水平面内）的声场。另外，我们通过将 PVC 弹性板放置成水平和倾斜来分别模拟水平海底和倾斜海底的情况，如图 7-19 所示。PVC 弹性板的声学参数已由先前的反演工作给出，如表 7-2 所示。

实验设备主要包括自制高频发射换能器（80～260kHz）、TC4308 标准水听器、PVC 弹性板、信号源、功率放大器、测量放大器、高频采集卡、示波器、电脑、电动滑台、机械滑台、碳素长杆两根。

图 7-17 实验场景

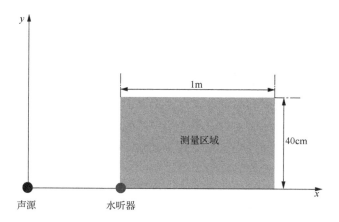

图 7-18 实验布放俯视示意图

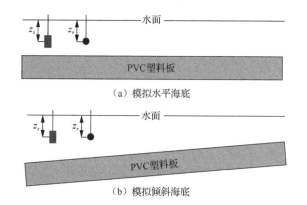

图 7-19 实验布放侧视示意图

表 7-2　水池实验环境参数表

参数	水平海底实验	倾斜海底实验
声源深度/mm	97	
接收水听器深度/mm	96	
水平面接收范围/mm	$344 < x < 1334$，$0 < y < 400$	
水深/mm	29.5	$29.0 - 0.045x$
水体密度/(kg/cm³)	1000	
水中声速/(m/s)	见图 7-8	见图 7-9
海底纵波声速/(m/s)	2489.1	
海底纵波声吸收系数	$1.09\text{dB}/\lambda$	
海底横波声速/(m/s)	1204.3	
海底横波声吸收系数	$0.25\text{dB}/\lambda$	
海底密度/(kg/cm³)	1200	

　　发射换能器的发射电压响应级如图 7-20 所示，可见发射电压响应的最大值在 160kHz 附近。实验中我们以频率 160kHz 的连续波（continuous wave，CW）脉冲信号作为发射信号。发射换能器的水平指向性测量结果如图 7-21 所示，可见在 240°附近区域指向性函数达到最大值且较为平坦。因此，在实验中我们以 240°方向对准测量区域的中心，以模拟无水平指向性声源的声场。

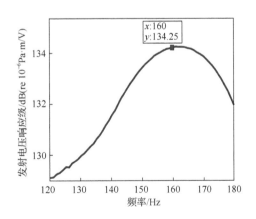

图 7-20　不同频率下发射换能器发射电压响应级（S_{LV}）的测量结果

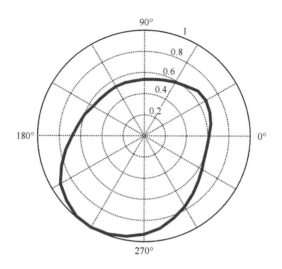

图 7-21 声源在 160kHz 频率下的水平方向归一化指向性函数

7.5.2 实测数据的声压传播损失计算过程

假设声源发射无限长单频正弦信号，则声压传播损失计算公式为

$$\text{TL} = 20 \lg \left| \frac{p_1}{p_d} \right| \tag{7-39}$$

式中，p_d 为空间中某位置处的声压幅值；p_1 为自由空间条件下离声源 1m 处声压幅值。记发射换能器输入信号幅值为 U_s，水听器输出信号幅值为 U_r，则发射换能器的发射电压响应级与水听器的灵敏度级表达式为

$$S_{\text{LV}} = 20 \lg \left| \frac{p_1 / U_s}{10^{-6}} \right| \tag{7-40}$$

$$M_{\text{L}} = 20 \lg \left| \frac{U_r / p_d}{1\text{V}/10^{-6}} \right| \tag{7-41}$$

将以上两式代入式（7-39），可得

$$\text{TL} = M_{\text{L}} + S_{\text{LV}} - 20 \lg \left| \frac{U_r}{U_s} \right| \tag{7-42}$$

记信号源产生的电压信号幅值为 U_i（单位为 V），功率放大器的放大量为 A_i（单位为 dB），则

$$20 \lg \left| U_i \right| + A_i = 20 \lg \left| U_s \right|$$

记测量放大器的放大量为 A_o（单位为 dB），采集设备最终采集到的电压信号幅值

为 U_o，则

$$20\lg|U_r| + A_o = 20\lg|U_o|$$

将以上两式代入式（7-42），最终可得

$$\mathrm{TL} = M_L + S_{LV} + A_i + A_o - 20\lg\left|\frac{U_o}{U_i}\right| \qquad (7\text{-}43)$$

由于 M_L、S_{LV}、A_i、A_o 和 U_i 是已知的，因此根据式（7-43），只需在接收点处测出 U_o 即可求出此位置处的声压传播损失。

不过，式（7-43）所示声压传播损失计算方法假设声源发射的是单频信号（即无限长正弦信号），而实验中发射的是 CW 信号。下面对式（7-43）进行变换，使之适用于单频下的声压传播损失的计算。

信号从信号源出发至进入采集设备的全过程如图 7-22 所示。我们将图中大黑框内的流程视为一个滤波器，设其单位冲击响应为 $h(t)$，传输函数为 $H(\mathrm{i}\omega)$，那么

$$\left|\frac{U_o}{U_i}\right| = |H(\mathrm{i}\omega)| \qquad (7\text{-}44)$$

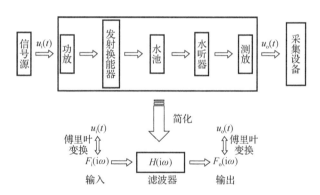

图 7-22　信号传输流程图及其简化

另外，信号源发射信号 $u_i(t)$ 可视为滤波器的输入信号，采集设备采集到的信号 $u_o(t)$ 可视为滤波器的输出信号，且满足关系：

$$F_o(\mathrm{i}\omega) = F_i(\mathrm{i}\omega)H(\mathrm{i}\omega) \qquad (7\text{-}45)$$

式中，F_o 和 F_i 分别表示 $u_o(t)$ 和 $u_i(t)$ 的频谱。将式（7-44）和式（7-45）代入式（7-43），最终可得

$$\mathrm{TL} = M_L + S_{LV} + A_i + A_o - 20\lg\left|\frac{F_o(\mathrm{i}\omega)}{F_i(\mathrm{i}\omega)}\right| \qquad (7\text{-}46)$$

实验中发射信号为周期10ms并填充5个160kHz正弦波的CW脉冲,如图7-23(a)所示,某接收点处接收信号如图7-23(b)所示。

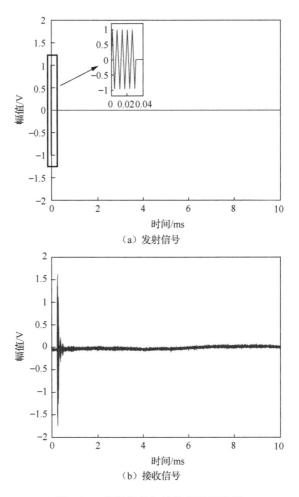

（a）发射信号

（b）接收信号

图7-23　发射信号与接收信号示意图

信号的后半段中已无明显的多途信号,几乎皆为环境噪声。在数据处理中,我们截取发射信号与接收信号的前半段（0～5ms）做傅里叶变换,以代入式（7-46）计算传播损失。易得,在160kHz频点处$|F_i(i\omega)|$=155.765。另外,已知水听器灵敏度级M_L为(-228±3)dB,发射电压响应级S_{LV}为134.25dB（图7-20）,功放与测放的放大量A_i和A_o分别为40dB与50dB。将这些参数代入式（7-46）后,暂不考虑水听器灵敏度级的±3dB不确定度,可得

$$TL = -20\lg\left|F_o(i\omega)\right| + 40.1 \tag{7-47}$$

下一小节利用上式来计算实测数据的 160kHz 频率下声压传播损失，并与三维声传播模型预报的 160Hz 频率下声压传播损失进行对比分析。

7.5.3　声压传播损失的实测结果与理论结果对比

实验中先后将 PVC 弹性板水平放置和倾斜放置，以模拟水平弹性海底和倾斜弹性海底。实验中的环境参数如表 7-2 所示。其中海底声速与声吸收系数通过反演获得，而海底密度是已知的。另外，水中声速是通过将水温代入淡水声速公式求得的。图 7-24 和图 7-25 分别展示了水平海底实验与倾斜海底实验中的水温及声速变化。可以看到，在实验过程中水中声速的变化并不显著。在理论仿真中，水平海底情况下水温取为 16.8℃，即水中声速 1472.1m/s；倾斜海底情况下水温取为 17.8℃，即水中声速 1475.4m/s。

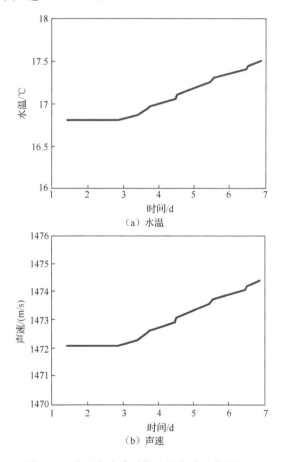

（a）水温

（b）声速

图 7-24　水平海底实验的水温与声速变化记录

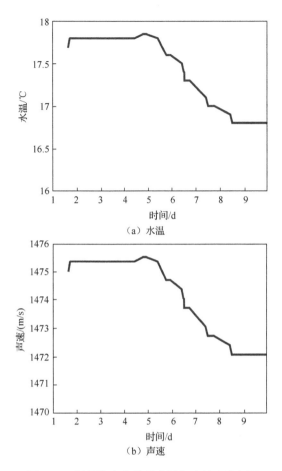

图 7-25　倾斜海底实验的水温与声速变化记录

　　图 7-26 展示了水平海底情况下 xOy 平面内传播损失的实验结果与理论计算结果对比。理论模型采用本章建立的三维弹性抛物方程模型。需注意的是，实验环境与仿真环境在几何尺寸上相差 1000 倍，因此我们在图中已对实测传播损失值补偿了一个因缩比产生的常数，本实验中（包括倾斜海底情况）是 201g1000，即 60dB。较之于理论计算结果的清晰的环状干涉条纹，实测结果整体上含较多噪点且环状干涉条纹存在较多破损。这可能是由实验中的电噪声干扰、水池四壁回波（侧壁虽有消声材料但已存在老化）、水温变化、PVC 弹性板底部边界声反射，以及其他未知因素引起的。总的来说，实测结果与理论计算结果展示的干涉条纹位置十分一致，声场幅值也非常一致。这说明我们选取的 PVC 弹性材料的声速和声吸收系数是较为准确的，并且抛物方程模型的声场计算结果是较为精确的。

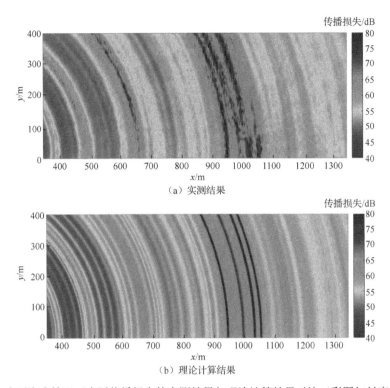

（a）实测结果

（b）理论计算结果

图 7-26 水平海底情况下声压传播损失的实测结果与理论计算结果对比（彩图扫封底二维码）

图 7-27 展示了倾斜海底情况下 xOy 平面内传播损失的实验测量结果与理论预报结果对比。理论模型同样采用三维弹性抛物方程模型。理论预报结果与实测结果的声场幅值是较接近的，但二者的干涉结构存在较大差异。在 $0 < x < 1000m$ 范围内，二者干涉条纹形状基本一致，不过理论预报结果相对于实测结果在整体上向 $+x$ 方向平移了约 50m；在 $x > 1000m$ 范围内，二者干涉条纹差异明显。综上，倾斜海底情况下理论结果与实测结果的一致程度不如水平海底情况。引起理论结果与实测结果不一致的具体原因尚需进一步查找，不过一个很可能的原因是 PVC 弹性板倾斜后，其下方的楔形流体层对声场分布造成重要影响。

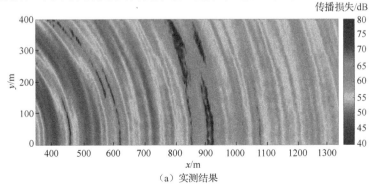

（a）实测结果

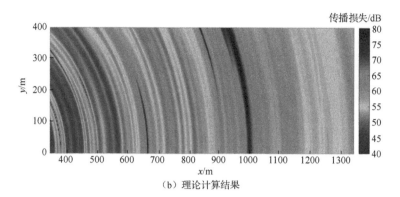

（b）理论计算结果

图 7-27　倾斜海底情况下声压传播损失的实测结果与理论计算结果对比（彩图扫封底二维码）

参 考 文 献

[1] Nagem R J, Lee D. Coupled 3D wave equations with irregular fluid-elastic interface: theoretical development[J]. Journal of Computational Acoustics, 2002, 10(4): 421-444.

[2] Collins M D. Higher-order Padé approximations for accurate and stable elastic parabolic equations with application to interface wave propagation[J]. The Journal of the Acoustical Society of America, 1991, 89(3): 1050-1057.

[3] Collins M D. A higher-order parabolic equation for wave propagation in an ocean overlying an elastic bottom[J]. The Journal of the Acoustical Society of America, 1989, 86(4): 1459-1464.

[4] Collins M D, Dacol D K. A mapping approach for handling sloping interfaces[J]. The Journal of the Acoustical Society of America, 2000, 107(4): 1937-1942.

[5] Lee D, McDaniel S T. Wave field computations on the interface: an ocean acoustic model[J]. Mathematical Modelling, 1983, 4(5): 473-488.

[6] Jensen F B, Kuperman W A, Porter M B, et al. Computational Ocean Accoustics[M]. 2nd ed. New York: Springer, 2011.

索　引